MEIGUI HUAYUAN

玫瑰花园

［日］FG 武藏 / 主编　药草花园 / 译

长江出版传媒 | 湖北科学技术出版社

玫瑰的形态、颜色、香味，
以至每朵花的表情都很丰富，
在花园的任何场景里，
都美不胜收，
光彩照人。
无论是单用玫瑰的合植，
还是和其他草花的搭配，
都能演绎出一个美妙的花园世界。
通过了解玫瑰，
让花卉组合的视野更加广阔。
利用花朵的数量感和立体感
可以创造出奢华、
优雅的园景。
巧妙利用玫瑰，
来尝试属于自己的花园搭配吧！
本书收集了大量的组合实例和玫瑰品种，
以及与之相配的草花品种。
希望大家通过本书更能体验玫瑰世界的乐趣！

玫瑰之名

译者序

药草花园

爱上 Rosa 是很多年前的事情了。好像她本身越久越醇的芳香，Rosa 是那种让人既能一时爱到发狂，也能持久不忘的花朵。

无论是品种的丰富，还是生命力的强壮，花朵的美丽，味道的芳香，Rosa 拥有作为花卉所应该有的一切优点，这让她无愧于花中之王的称号。Rosa 可以做地被，攀树篱，配盆花，可以收集品种，可以杂交实验，也可以精细地修剪，也可以粗犷地放养。总之，用一个词来形容 Rosa，就是十全十美。

我在这里这样说，可能有人会想，你说的这个 Rosa 到底是哪种玫瑰？是月季还是蔷薇啊？的确，目前在国内玫瑰的分类和叫法非常混乱，特别是玫瑰、月季、蔷薇这 3 个名词好像永远也梳理不清。其实谈到分类，想用这 3 个词来给偌大一个玫瑰家族分类，不仅是不可能，而且十分的碍手碍脚。

个人觉得西方把蔷薇科蔷薇属的植物统称 Rosa 的做法更加方便，在 Rosa 前后再加上具体的形容词，就好像一个家庭统一了姓氏，只是在名字上有所分别。

看我国园艺书里忽而称蔷薇，忽而称月季，忽而称玫瑰，弄得人一头雾水。反而十分容易引起误解。所以我觉得在讲分类之前，我们最好先忘掉这 3 个名词。忘掉之前，我们先看看这 3 个词是什么，怎么来的。

腺梗蔷薇“奇福之门”

蔷薇，这个词的范围是最大的。在中文里有两个意思，一个是蔷薇科整个科 Rosaceae 的名称，这个科不仅包括我们的玫瑰们的属，也包括苹果、李、绣线菊其他 3 个亚科。蔷薇还有一个意思是泛指一些原生种的 Rosa，包括我们经常可以在野外见到的野蔷薇、金樱子以及少量的园艺品种，例如十姊妹。

月季，这个词的本义就可以看出它指可以在春天到秋天的数个月内反复开花的那种蔷薇科花卉。这种月月开花的蔷薇科花卉大部分都是园艺杂交种。特别是早期的园丁们通过杂交一些中国原种蔷薇而得到的园艺品种。其中最著名的就是月月红。

中国月季可以连续开花，称花期重现性（Recurrent Blooming Habit）。这个特性为世界上最受宠爱的“现代月季”提供了基本依据。随着中国月季引入西方，不断杂交的结果，形成了品种众多的现代月季家族。

现代杂交茶香月季品种

原生玫瑰的红色重瓣品种

玫瑰，这个词有两个用法。一个是植物学上专用，单指 Rosa rugosa 这个品种。这个品种原产于中国和日本，耐寒，芳香，茎上密生刚毛和直刺，叶表面的叶脉深陷和布满皱纹，果实扁球形。另一个是拉丁文名 Rosa rugosa 的种名。“rugosa”的原意就是“布满起伏不平的皱纹”。Rosa rugosa 的外形与其他原生蔷薇非常不同，是很容易认出的一种。

在这里我还想更正一个经常的错误是，很多人会说，玫瑰原产于中国，没错，如果特指 Rosa rugosa 是原产于中国，当然还有日本。

也有人说，月季也原产于中国。世界上很多的现代 Rosa 也是来源于中国月季的杂交种，但这并不表示所有的 Rosa 都是原产于中国的。来自中国的一个原生种 Rosa chinensis 为大多数现代杂交月季提供了四季开花的基因而已。

因为现代月季有数个来源，其中包括原产于中东的大马士革玫瑰、千叶玫瑰，原产于欧洲大陆的数种原生蔷薇等，甚至还有原产于北美的原生蔷薇。

那么用什么来替代这个这么便利的 Rosa 呢？玫瑰、蔷薇、月季，还是继续混用？本人不是植物学家，不敢妄自乱加评论。

关于玫瑰的分类，有 ARS（American Rose Society：美国玫瑰协会）、WFRS（World Federation of Rose Society：世界玫瑰联合会）、BARB（British Association Representing Breeders：英国栽培者协会）等的分类方法。ARS 的分类，主要是以育种的历史为背景，在系统上很容易理解，但是不一定能正确反映玫瑰的性状，开花次数和树形等，不是很方便。能够补充这个不足的是 WFRS 的分类法，WFRS 在古典月季分类上是沿袭了 ARS 的分类法，在现代月季上，则采用了以树形、花朵大小、花束形状等分类手段。但是，这样的方法却又不能很好地了解育种的经历。现在世界上一般采用 ARS 或 ARS 和 WFRS 并用的分类方法。

我也参考了这两个协会的分类方法，再辅以中国常见的使用习惯（比如大家习惯于把大马士革蔷薇称为大马士革玫瑰），做了一个简单的分类。

在下表中，我把原生品种称为蔷薇，把现代杂交品种称为月季，把现代月季出现前的古典杂交品种称为玫瑰。并列出个大类常见的品系名称，英汉对照，希望大家能对玫瑰之名有一个初步的了解。也希望相关专家早日出炉正规的叫法，让蔷薇、月季、玫瑰之名更科学、更完美。

类 别	品 系	简 称	品系名称中译
古典玫瑰 Old Garden Roses	Alba	A	阿尔巴白蔷薇
	Ayrshire	Ayr	艾尔夏玫瑰
	Bourbon & Climbing Bourbon	B	波旁玫瑰和藤本波旁玫瑰
	Boursault	Bslt	波绍尔玫瑰
	Centifolia	C	千叶玫瑰
	China & Climbing China	Ch	中国月季和藤本中国月季
	Hybrid Bracteata	HBc	杂交硕苞蔷薇
	Hybrid China & Climbing Hybrid China	HCh	杂交中国月季和杂交藤本中国月季
	Damask	D	大马士革玫瑰
	Hybrid Eglanteria	HEg	杂交香叶玫瑰
	Hybrid Foetida	HFt	杂交异味蔷薇
	Gallica	G	加利卡玫瑰
	Hybrid Multiflora	HMult	杂交多花蔷薇
	Hybrid Perpetual & Climbing Hybrid Perpetual	HP	杂交长青月季和藤本杂交长青月季
	Hybrid Sempervirens	HSem	杂交常绿蔷薇
	Hybrid Setigera	HSet	杂交刚毛蔷薇
	Hybrid Spinosissima	GSpn	杂交密刺蔷薇
	Miscellaneous OGRs	Misc.OGR	混合古老花园玫瑰

类 别	品 系	简 称	品系名称中译
现代月季 Morden Roses	Moss & Climbing Moss	M	苔藓和藤本苔藓月季
	Noisette	N	诺伊塞特月季
	Portland	P	波特兰月季
	Tea & Climbing Tea	T、ClT	古典茶香和藤本古典茶香月季
	Floribunda & Climbing Floribunda	F、ClF	丰花月季和藤本丰花月季
	Grandiflora & Climbing Grandiflora	Gr、ClGr	大花月季和藤本大花月季
	Hybrid Kordesii	HKor	杂交科尔德斯月季
	Hybrid Moyesii	HMoy	杂交华西蔷薇
	Hybrid Musk	HMsk	杂交麝香月季
	Hybrid Rugosa	HRg	杂交野玫瑰
	Hybrid Wichurana	HWich	杂交照叶蔷薇
	Hybrid Tea & Climbing Hybrid Tea	HT、ClHT	杂交茶香月季和 藤本杂交茶香月季
	Large Flowered Climber	LCl	大花藤本月季
	Miniature & Climbing Miniature	Min、ClMin	微型月季和藤本微型月季
	Polyantha & Climbing Polyantha	Pol、ClPol	小姐妹月季和藤本小姐妹月季
	Rambler	R	蔓生蔷薇
	Shrub	S	灌木月季
原种蔷薇 Species Roses	Species	Sp	原种（野生品种）

目录

拱门上攀缘着“龙沙宝石”（Pierre de Ronsard），背景是“科尼利亚”（Cornellia）和“拉维尼亚”（Lavinia）。小径的两旁，高低起伏的宿根花卉为花园增添丰盈的美态。

一看就想学的玫瑰花园搭配技巧

玫瑰是极有存在感的植物，在将它引入花园的时候，也会给我们带来各种各样的烦恼。首先，介绍4位朋友的花园，他们的花园都可以说实现了主人们的理想形态，你一定能从中找出体现玫瑰这种植物全部魅力的诀窍。

连接不同景致的花园小径，让我们享受闲暇的乐趣

小泉真由美 

玫瑰和草花融为一体，出色地演绎了高低差异和重量感的变化

自从小泉女士在英国旅行时参观了玫瑰盛开的花园后，那种美丽让她一直难以忘怀。她决心在自家重现出同样的景象。

小泉夫妇利用一块沿着房屋的L形空地，从设计、施工到栽种，只靠着自己的双手，建造成了梦想中的花园。

他们特别留意的是，如何在平坦的土地上制造出高低起伏。首先在土地的中央放置了一座作为观赏焦点的雕像，并为雕像的前后配置了蜿蜒的小径。这样，在踏入庭院时，就不会一眼将全景饱览无遗。而是通过曲折的小径让来访者把脚步放缓，从而有更多的时间来徐徐玩味花园的细节。

此外，他们还丰富了小径所连接的各个角落的内容。为了突出不同的玫瑰的个性，在草花的配色上下足了功夫。例如，在小径的入口处右侧，大片的绿色中点缀着粉色的“康斯坦斯・斯普莱”（Constance Spry）、大红的“乔治四世国王”，又加种了线条鲜明的毛地黄来形成自然的情调。而在后面玫瑰为主的花境中，则栽种了“拉维尼亚”“科尼利亚”（Cornellia）“金阵雨”……通过玫瑰丰富的量感创造出华丽的气氛。

缓缓的小径描画出柔和的弯角，把一个个趣味迥异的小世界连接起来。在不同的地点，可以凝神观赏草花的组合，也可以在桌边静静品茶，还可以细看闲花野草，休憩身心，这样的空间真是妙趣无穷。

左 / 开花季节招待客人，在花园里品尝下午茶。茶具架上装点着浅色的花朵，给整个餐桌创造出温馨的氛围。
右 / 小屋般的凉亭顶上缠绕着“约克城”City of York。抬头仰望，透过阳光的白色花瓣格外美丽。

拱门上牵引着枝条柔软，生长旺盛的鲑粉色“拉维尼亚”“戴高乐”和“科尼利亚”

在小径尽头可以看到的小屋，外墙和地板都选用了土黄色的砖块，和草花相映成趣。棚架下的餐桌，是欣赏美景的特等座席。

砖墙好像画布，描绘出玫瑰花和绿树的风景

粗糙的砖砌外墙上，交织着浓淡两种颜色的玫瑰。配合前方黄绿色叶片的金叶刺槐（*Robinia Pseudoacacia* Frisia），景致如让人置身画中。

环绕窗畔的玫瑰，
演绎出惹人怜爱的风情

墙面上钉上铁丝，牵引着深粉色的“曼宁顿紫蔓蔷薇”（Mannington Mauve Rambler）和淡粉色的“布莱利1号”（Blairii No.1）。

活用背景巧妙搭配

充分利用棚架，让下
垂开花的品种显出独特韵味

花色变化多彩、独具魅力的“茶色美人”从头顶悬垂下来，可以尽情地观赏其婀娜的花姿。

在工作台的周围稍加点缀，更具美感

在砖砌的台子上放上炭黑色的桌面，搭成一个别有风味的工作台。同色的木墙板上挖开了墨绿色的小窗，非常迷人。脚下配合盆栽花卉，显得清新自然。

富于变化的造型，衬托出鲜艳的花朵和雕像

从自家 2 楼俯瞰，可以看到以雕像为中心，紫色的大花葱和黄色的金叶鹿角桧（*Juniperus × pfitzeriana*，Saybrook Gold）形成互补色，映衬得浅色的玫瑰格外美丽。

［点睛］

让花园一角容光焕发般充实起来的，正是给场景带来个性的精彩小饰物

在国内外旅行时发现的木牌等，不知不觉和玫瑰融为一体。这个场景给我们留下了深刻印象。

棚架的支柱上张贴着铁艺的雕花格板，“索伯依”（Sombreuil）甜美的白色花朵和黑铁的厚重感相辅相成，形成高雅沉稳的印象。

古典花型的“龙沙宝石”攀缘在格子花架上，装饰有描绘着蝴蝶的木板。细腻的色调和花色非常吻合。

鲜艳的粉红色大花“康斯坦斯·斯普莱”，配合古董情调的木牌，让意境更加深远。

玄关旁边的桌椅，是小憩片刻的场所。粉红色的玫瑰是“里夫弗”（Reeve），前面的是“克鲁格茶香”（Mademoiselle Franziska Kruger）。

预备工作从秋天开始，细致绵密的准备带来自然的感觉

山田在家乡的玫瑰节上，和美丽的古典玫瑰一见倾心，从此开始修建自己的玫瑰花园。她利用自家前面和屋后的土地，建造了一个仿若天成的自然式庭园。

古典玫瑰、英国月季、宿根花卉……栽培了大量品种的空间里，为了凝练出自然的韵味，主人可谓费尽心思。除非为创造立体空间感时不得不用，主人尽量减少像塔形花架这些人工痕迹强烈的物品的使用。覆盖土地的是密密的宿根花卉，中间不留间隙。为了让春天时景色更加自然，秋天就要将耐寒的一年生植物栽种下去。

最重要的还数经过深思熟虑后更迭不断的花色调配。其中以白色、粉红、杏黄色等淡色为主色。“盼望已久玫瑰才终于开花。美丽的花朵让来访的客人欣喜不已,我觉得这就是最好的回报。”主人说道。看得出，和玫瑰一起的生活让她从内心里焕发着光彩。

仿佛原野般盛大地铺展开来，渐变的花色充满魅力

山田千鹤子

春天从庭院里采摘下鲜花，装饰在客厅里，已经成为每日必做的功课。倚靠在客厅窗畔玻璃花瓶里的是白玫瑰“菲利塞特·帕拉米提尔”（Felicite Parmentier）。

[点睛]

草花组合出梦想中的景象

虽然没有过多使用花园硬件和饰物，山田女士的花园同样展现给我们丰富的表情。这里的秘密就是玫瑰和宿根花卉的精心搭配。她给我们展现了发掘玫瑰自身之美的秘诀。

“路易·欧迪”（Louise Odier）和“粉花努塞特”（Blush Noisette）的粉红色浓淡变化显出浪漫情调。白色的铁线莲更起到画龙点睛的作用。

深玫瑰色的“紫袍玉带”（Baron Girod de I’Ain）周围环绕着麦仙翁“海珠”（Ocean Pearl）和奥莱芹。给人留下深刻印象。

淡粉色的“珍妮·奥斯汀”（Jayne Austin）脚下蓬松地覆盖着株形矮小的老鹳草和蓝蓟。柔和的基调中紫色显得格外突出。

茶褐色的墙壁上爬满玫瑰。门前小路把游人引入玫瑰和草花组成的画境。春季盛花期以英国月季为中心散发出浓郁的香气。

色调相似的花朵和
细致的叶片烘托出深度感

停车库的落叶树上攀爬着“雅克·卡地亚”（Jacques Cartier）、“广播时代”（Radio Times），配合飞蓬和银边百里香，调和出微妙的表情。

百变造型体现华丽

温暖的茶褐色墙壁是绝妙的画布

外壁拉上铁丝，牵引上一株极具存在感的“洛可可”（Rokoko），相同的柔和色调，仿佛水乳交融般和谐。

创造出高低层次的塔形花
架成为掌控空间感的重要材料

塔形花架上牵引着半藤本性的月季。香豌豆的柔软藤蔓，毛地黄的挺拔花姿，形成优雅美妙的变化。

头顶上伸展的拱门也有最适合的玫瑰

通往北侧庭院的小道上搭建了拱门，上面是玫瑰弯出的花桥。浪漫的“粉色花边”（Pink Chiffon）饱满丰盈，缠绕其上。

几乎被品种多样的草花覆盖的散步小径

“帕特·奥斯汀”（Pat Austin）、“法国孩童”（Enfant de France）、“白花巴比埃”（Albéric Babier），被令人目眩的玫瑰笼罩的小径，脚边是矾根和黄水枝，密密麻麻，几乎看不到土地。

与建筑物和谐地描绘出美景——英国科茨沃尔德风格的玫瑰花园

青木昌子

迎接客人的拱门上，盛开着色调柔和、花形甜美的“芭蕾舞女”（Ballerina），令人心旷神怡。它的魅力在于枝条不会过分伸长，而且易于造型。

科茨沃尔德风格的房屋外观。环绕四周的草花，映衬出风味独特的木质屋顶和外墙。

玫瑰温柔地环抱着房屋，绿草茵茵的前庭让人眼前一亮

青木一直想在绿意盎然的高原上，建造一座曾在英国科茨沃尔德见过的有着美丽花园的房屋。10年前，她移居到那须高原（译注：那须高原是日本栃木县火山脚下一块高地，以风光秀丽和温泉度假而著称）。经过反复试验，终于成功地改良了当地的黏土质土壤，建成一座精美的玫瑰花园。

青木的职业是建筑师，她的理想是让房屋和花园协调一致，无论从哪个角度来看都形成画卷般的风景。为了实现这一点，在开始设计时就设定花园是建筑物的延伸，两者融为一体。房屋前方的空间铺设上草坪，草坪上蜿蜒着线条柔和的小径。再搭配以和谐悦目的拱门和塔形花架，一边行走，一边视线会自然地移动转换。

当绿树掩映中一座爬满玫瑰花的房屋出现在眼前时，不禁让人以为误入了西方童话的世界。拥有如此美景的秘诀在于根据不同的场所选择不同植栽，让柔美色系的花朵和树叶交相辉映，和谐地混植在一起，创造出细致微妙的变化。另一边，花坛里选配的都是主人喜好的玫瑰，经过牵引造型，每一株都生机勃勃，值得玩味。

自从来到这块自然丰盛的土地，青木感觉到照顾植物是一件非常荣幸的事情。“和植物交往的每一天都快乐无比。不仅仅是眼见的美，更因为植物那种旺盛的生命力让自己也变得精力无穷”。倚靠着那须高原雄伟辽阔的自然环境，青木的花园日益韵味深远。

左 / 用朴素的枕木制作的自然风格水龙头。色彩浓烈的玫瑰装点四周，成为庭园中的一个焦点。右边的黄色玫瑰是“金色艾尔莎”（Goldelse）。
右 / 为了呵护草坪不被踩坏，这里用枕木铺出一条小径。枝条茂密，漫出到小路上的是“拜仁红”（Gruss an Bayern）。

优美的花姿让房屋浪漫迷人

后门左侧是“龙沙宝石”，右侧是“红漫”（Blush Rambler）。一直延伸到木甲板做成的顶棚上，让顶棚成为绝佳的休息场所。

小径旁边栽植的“拜仁红”装点着枕木和草坪间的空间。最让人心仪的是它在一年中都会持续地开花。

茂密的绿叶中点缀着粉色的花朵，任何角度都十分华美的“芭蕾舞女”玫瑰拱门，从春天到秋天反复开花，令人欣喜。

为了不过分彰显其存在感，低矮的塔形花架上牵引了“菲利塞特白常青”（Felicite et Perpetue）。柔和的花色充分地融入背景里。

[点睛]

单株玫瑰茂盛生长，充分体现出怒放的跃动感

在房屋周围，青木用淡淡的花色创造出浪漫的气氛。而在草坪上则用拱门和色调浓烈的花朵装点出视线焦点。经过严格挑选的玫瑰，每个地方都有一个品种尽情开放。充分品味各个品种的独特个性，这也是青木独特的栽培理念。

【每一朵花都有其独特魅力】

刚刚开始爬上棚架的玫瑰小苗稚嫩可爱

一直延续到玄关的门廊上搭建了棚架，牵绕上“蓝漫”（Blue Ramble）。棚架对面计划要种植白色小花的藤本月季“夏雪”（Summer Snow）。

白色花朵从篱笆里探出头来，充满活力

围绕园地的围栏边种植的白色玫瑰“约克城”。长满青苔的挡土石衬托着好奇心十足的花姿，显得别有风味。

【草花搭配改变观感】

随着行进，令人惊喜的亮点不断出现

草坪本来容易造成呆板印象，于是在道路的拐角和交叉部分点缀了精彩的植栽。植物形状各异，栽培方法也变化多端。

建筑物周围混植的浅色花朵增添了宁静柔和的气氛

房屋附近种植了“冰山”（Iceberg）“金缘”（Golden Border）、针叶树等。黄色和白色的花朵与叶片互相映衬，给古朴的木屋顶和墙壁增添了微妙的变化。

在阶梯上集中摆放花盆，可以体会观察植物生长的乐趣

左 / 利用阶梯的高低差把香草和玫瑰的盆栽陈列起来。和谐而又错落有致，行走时可以随时观赏，可谓一举两得。

鲜艳的迷你玫瑰造就空间的焦点

右 / 建筑物前方的甲板上摆放着艳紫色的盆栽“甜蜜马车”（Sweet Chariot），和四周低暗的色调形成互补色，让空间更加紧凑出彩。

以白色墙壁为背景显得明亮干净，映衬出粉色的玫瑰

中央鲜艳的玫瑰是“安吉拉”（Angela），高度控制在楼梯扶手的位置，可以透过花丛看见白墙和窗户，比例协调、精巧绝妙。

繁花盛开的玫瑰成为这户人家的标志物

“龙沙宝石”和古典优雅的房屋非常和谐，在后门处繁花怒放。

风格十足的白墙壁上攀缘着浅淡色的白玫瑰

上 / 建筑物上攀爬的玫瑰，会改变房屋的整体印象，所以选择时要格外慎重。这里墙壁上是色调柔和的“保罗的喜马拉雅麝香”（Paul’s Himalayan Musk），栏杆上则是“晨曲梅兰迪”（Alba Meidiland）。

小花型玫瑰最擅长和其他品种的玫瑰混合栽培

左 / “菲利塞特白常青”以柔美的花色和花形柔化了旁边个性过强的品种。

右 / “蓝漫”和浅色的玫瑰搭配发挥出收放自如、重点突出的效果。

左 / 花园的入口处以爬满"白花巴比埃"的拱门作为画框、点缀着装饰造型的针叶树。加上各种花盆容器协调搭配，迎接客人到来。

右 / 勾勒出优美曲线的铁质拱门和"白花巴比埃"非常和谐。相同素材的灯具制造出高雅的厚重感。

想方设法，化狭小空间为精巧别致的手工庭园

穗坂友子

重刷过的椅子背上书写着英文句子，成为空间的焦点。后面的拱门上则牵引着"蒙特贝罗夫人"(Duchesse de Montebello)。

大胆地制造出高度感，通过绝妙的盆栽配置精心装点细节

古董般的铁质玄关门，把白色花朵衬托得更加清丽的砖墙和遮阳伞……令人吃惊的是，这座在国外园艺书里才会出场的花园，居然是一座种植着罗汉松、杜鹃花，点缀着踏脚石的日式庭院。

在重建花园的时候，主人穗坂考虑最多的是，如何为植物制造出立体感。例如，利用棚架来制造高度，使得在这个不大的花园里也能充分享受植物的乐趣。为了让棚架和周围环境协调，将其涂成了绿色，塔形花架和座椅也被重刷成了蓝色系。这样，一面可以感受到 DIY 的温馨感，一面也可以利用对比色来发挥效果。因为场地有限，新品种都栽种在花盆里。主人通过调整花盆间的距离、用树叶遮掩住花盆等方法，防止花盆太过显眼。

附近的很多人看到美丽的玫瑰花都会前来寒暄问候，这座个性十足的花园，也成了主人结交新朋友的场所。

玄关的门扉经过改造，再用红砖铺设地面，入口处焕然一新。配上遮阳伞和椅子，化身为休闲小憩的空间。棚架上主人大爱的“冰山”枝条垂悬，繁花似锦。

精心整理，
美观陈设的盆栽为必见之作

根据环境精心配置的花盆，显得整洁大方。利用阶梯制造出高低层次，或是放在花坛背后乔装成地栽效果，花盆的放置可谓匠心独具。

变化小景，激发创意

小径前方设置
棚架，景致动人心弦

红砖的小径描绘出动态的曲线，仿佛吸引人进入前方的花园深处。入口处伫立着花形雅致的“粉妆楼”（Fun Jwan Lo）和修长挺拔的毛地黄，鲜明醒目。

宛如开放在山岩上的野花，
花朵轻柔地覆盖着石壁

印象冷冰冰的石壁边缘，栽种着深紫色小花的“黎塞留主教”（Cardinal Richelieu）。给人以独特的美感。

形态迥异的两种叶片
烘托出鲜艳的小花

“薰衣草之梦”（Lavender Dream）下方是蓬松的针叶树和常春藤。充分烘托出花色和分量感。

采用了借景的方法，增加开放感

穗坂家建造在丘陵上。在景观最好的一角种着“蒙特贝罗夫人”和“凯瑟琳·莫莉”（Katharyn Morley），配以紫色的草花，显得悠然自得。

个性十足的草花后面，隐现出婀娜多姿的玫瑰

棚架的前面栽种鲜红的樱桃鼠尾草，形成华美的景致。藤蔓描画出一道自然的屏障，衬托得幽深处的“科尼利亚”楚楚动人。

［点睛］

有亮点的栽种配置才会优雅迷人

穗坂出色的能力使得花园花费不多也达到了理想效果。手工制作、细节搭配让来访的客人欣喜不已。在这座花园里，随处可见展现玫瑰魅力、提高花园格调的技巧。

下水管里栽培的“粉妆楼”（Fun Jwan Lo）。基部别出心裁地堆放着砖块。花园的自然情趣都来自于主人的细心打理。

塔形花架涂成鲜艳的蓝绿色。棚架上装饰着手写英文的木板。整个空间里洋溢着手工制作的温馨和个性感。

株高近1米的“麦金塔”（Charles Rennie Mackintosh）很适合盆栽。在花盆周围环绕上针叶树，仿佛是地栽一样。

Part

完美的造型，来自合

花坛、拱门、篱笆、凉亭、棚架、

让花园景观焕

营造出魅力无穷、个性盎然的花园，需要根据

通过实例来介绍选

从中也寻找最适合

1
适的搭配与品种选择

墙壁、窗沿、花盆……

然一新的造型，
品种、大小、形态、素材等要素来选择玫瑰。
择玫瑰的方法和诀窍，
你自己的风格吧！

了解玫瑰的基础知识

株型和花形的分类

通过了解玫瑰的基本特征和特性，更容易选择适合自家花园的品种。这里，我们介绍一些实用的玫瑰株型和花形知识。

株型

根据枝条的形状和生长方式分为3类。不同造型方法针对的株型也不同，所以要了解株型后再进行品种选择。

灌木月季

枝条生长呈扇形放射状。枝条没有藤本月季那么长。适合塔形花架和拱门。高度1.5 ~ 3米。

丛生月季

枝条不太伸展，有安定感。植株能够自立。适合花盆和花坛。高度0.8 ~ 1.5米。

蔓生、地被月季

柔软的枝条像藤蔓一样生长，无法直立而下垂。适合覆盖地面、篱栅、窗沿。枝条长3米以上。

藤本月季

藤本月季，枝条长长伸展。大多数是一季开花，近年反复开花的新品种在逐渐增多。适合墙面。高度3米以上。

圆球形

尖瓣高心形

莲座形

平开形

半重瓣

单瓣

浅杯形

深杯形

花 形

既有花瓣尖尖的剑形，也有圆圆的瓣状，玫瑰的花形可谓千姿百态，每种花形所营造出的景象也不尽相同，在选择玫瑰时需要认真考虑。

四联形

蜂窝形

其他有特色的花形种类

左边介绍了基本的花形种类，以下介绍一些独特的花形。有中间部分像牡丹一样的花形和杯碟花形等，令人难忘。

绿眼

牡丹眼

杯蝶形

芍药形

拱门 *Arch*

通过设计和搭配
成为通往童话世界的大门

伸展到头顶的枝条，
魅力十足。
能让玫瑰大显身手的拱门，
通过不断增加的厚重感，
是让花园彻底大变身的重要素材。
关注拱门自身的设计和花草搭配，
来看看这些成功实例吧！

以艳丽的草花为背景，
烘托出白色玫瑰冰清玉洁的印象

明亮的花色点缀着花园小径，头上的拱门盘绕着花朵纤细的野蔷薇，从上到下满布白花，营造出清新淡雅的氛围。

作为蓝色的对比色，
充满活力的黄色大显身手

仿佛要融入蓝天和太阳的玫瑰是热力十足的“格拉汉姆·托马斯”（Graham Thomas）。在涂刷成蓝色的栅栏边，更增添了明媚意境。

利用装饰捕捉视线焦点，在头顶华美展现

攀缘着“龙沙宝石”“泡芙美人”（Buff Beauty）的拱门上装点着西式浮雕，平添了古雅的气氛。

拱门
表现出花园的立体感

在土地平坦、面积有限的花园里，
拱门风姿绰约地在空中划出弧线空间，转瞬变得立体十足。
利用拱门强烈的存在感，营造出梦想的花园吧！

在上部增加分量感

在开满草花的广场入口设置拱门，令人心怀期待

摆满多种多样的盆栽的入口处搭设了拱门，上面是“窈窕淑女”（My Fair Lady）、“安吉拉”。让空间更有纵深感，制造出宽阔的感觉。

富于动感的景象，散发着独特的存在

经过造型的“莱亭·杰薇”(Leontine Gervais)和“弗朗索瓦·朱朗维尔”（Francois juranville）的枝梢横向蔓延。成功营造出跃动感和艺术气息。

清新自然的景观入口，白色玫瑰清爽明净

米色砖墙和白漆栅栏组成的入口处，冰清玉洁的“新雪”（Shinsetsu）缠绕在隧道般相连的数个拱门上方，形成富有通透感的空间。

以绿树为背景，怒放的深粉色玫瑰娇艳欲滴

茂密的树丛前搭配着亮粉色的“西班牙美女”（Spanish Beauty）和“安吉拉”。绿树掩映中的花姿生机勃勃。

充足的分量感和亮色对比极具魅力

上 / 宽广的场地上大胆地调配了白色的野蔷薇和鲜红的玫瑰。蓝色和黄色的鲜艳花朵更烘托出拱门之美。

在四周配植同色系的玫瑰，让观感更为整体

左 / 优美的鲑粉色“炼金术士”（Alchemist）缠绕的拱门前方是同色系的花朵，演绎出一个仿佛被玫瑰环抱的整体空间。

红和黄的对照让小路充满生机

小道上间隔少许距离就在拱门上牵引红色的“唐璜”（Don Juan）和黄色的金银花。两种原色的组合令人印象深刻。

关注设计，体现特色

从一朵朵小花中眺望
出去的白铁拱门优雅大方

叶片和花都小巧可爱的“菲利斯·彼得”（Phyllis Bide）和白铁拱门完美搭配，纤细的线条强调了雅致的印象。

单根铁杆的拱门
勾勒出弧线，显得简洁明朗

用粗铁杆弯曲成的简洁设计，让玫瑰的花形更加显眼。红色的“千惠”（Chie）鲜艳怒放。

同色系的组合最能制造浪漫的氛围

装饰性极强的拱门上面是“卡利埃夫人”（Mme Alfred Carriere）。下面种植着“致意亚琛”（Pink Gruss an Aachen），如梦如幻。

连接数个窄幅拱门，
体验穿越隧道的乐趣

细细的小径上连接数个窄幅拱门，牵绕上“特里埃”。可以切身感受到花香和绿意的意境，完成了一个动人心弦的空间。

彰显个性的亮点和
花色的变化融为一体

优雅的拱门尖顶和侧面的装饰物非常打眼。和华丽的“西班牙美女”及“伊萨佩雷夫人”（Madame Isaac Pereire）完美搭配。

一排简洁的拱门密密相连，
打造林荫道般意趣盎然的通道

砖块铺设的朴素小径上方，简约的拱门并排而立。黄色的“格拉汉姆·托马斯”（Graham Thomas）缠绕其上，营造出怀旧思乡的氛围。

前方配置纤美的花朵，
一个童话世界由此打开

左 / 可爱的蔓生蔷薇“格蕾金”（Alister Stella Gray）攀爬的拱门下是西方浮雕的塑像，前方混植了众多缤纷的小花，如梦如幻。

用白色的玫瑰柔化厚重的入口

右 / 带有楼梯的入口风格独特，搭建在旁边的拱门上牵引了蔓生蔷薇“格蕾金”（Alister Stella Gray），白色的蔷薇花传达着温馨柔和的情绪。

古典的外门上
绽放着优美的白木香

左 / 装饰有铁艺饰品的门扉上灿烂开放着白木香。和枝条垂悬、动态十足的蔷薇搭配，显得清新迷人。

修剪过的庭院树木和
深黄色的玫瑰是绝妙搭配

右 / 精心修剪的针叶树整齐排列，形成井然有序的空间。深黄色的“秋日夕阳”（Autumn Sunset）缠绕的拱门则让整个氛围显得温婉柔美。

整体协调，注重自然

屋顶上繁茂的植物，让人联想起小说中的绿房子

（《绿房子》为秘鲁作家略萨的小说。）

挂着吊篮的白色拱门搭建在花园入口。上面茂密地生长着白木香。个性独特的设计让人对里面的风景充满期待。

白色花架的斜格子增添优雅的欧陆风情

盆栽的“夏雪”和铁线莲“多蓝”（Multi Blue）被牵绕在木制的拱门上。白色与紫色的配合以及花格架的线条给人雅致的印象。

情趣十足的长椅和玫瑰营造出梦境般的空间

长椅前面的拱门上选用了“强盗骑士 / 拉布瑞特”（Raubritter）和“菲利塞特白常青”，形成西方童话般的氛围。

未上色的朴素木料可以体会到朴实的质感，也增添了深沉的韵味

高高的拱门把空间展现得更辽阔。“波旁王后”（Bourbon Queen）、多花蔷薇的优雅甜美和原木的风味浑然一体。

卡德法尔兄弟 Brother Cadfael

稍暗的粉色大朵杯形花，5 朵左右成簇开放。长势旺盛，节间较长，叶片显得比较稀疏，不会过分茂密。强健，易于栽培。强烈的古典玫瑰香。花名来自英国推理小说《卡德法尔兄弟》里的一位中世纪修士。

●品系：S ●育出者：David Austin
●花直径：约 13 厘米●香味：浓香
●花期：四季开花●株高：约 2.5 米

特拉德斯切特 Tradescant

深红色渐变为黑紫红色的花色。可算作英国月季中最深的黑红色。枝条刺虽多，但柔软易于造型。抗病性好、容易栽培。强烈的古典玫瑰香。花名来自英国 17 世纪的植物猎人李太郭。

●品系：S ●育出者：David Austin
●花直径：8~10 厘米●香味：浓香
●花期：反复开花 ~ 四季开花
●株高：1.5~2.5 米

费利西亚 Felicia

带有杏色的淡粉色花朵成大型花簇开放。开放初期为杯形、逐渐展开成莲座状平开。花瓣质地厚、持久性好，能够长时间观赏。枝条刺少、容易造型。在半阴处也能生长良好，强健，容易栽培。强烈的芳香极具魅力。

●品系：HMsk ●育出者：J.Pemberton
●花直径：约 6 厘米 ●香味：浓香
●花期：四季开花●株高：约 2.5 米

适合拱门的玫瑰品种

家庭用的拱门更适合枝条不会过分伸长的半藤本。考虑颜色、花形的同时，通过拱门时扑鼻而来的香气也是玫瑰的乐趣之一。所以，花香同样值得关注。

大厨 / 萨沃伊 Guy Savoy

带有紫色的玫瑰红上，交错着深紫色和淡粉色的条纹。抗病性好，生长旺盛。开花性也好，配置于拱门上，经过阶段性的修剪可以在整个拱门上壮丽开放。值得推荐给新手。花名是以米奇林三星餐厅的大厨萨沃伊来命名。

●品系：S ●育出者：Delbard
●花直径：8~10 厘米●香味：浓香
●花期：四季开花●株高：1.5 ~ 2.3 米

达梅思 Dames de Chenonceau

柔美的粉红色杯形花，花心附近的花瓣染有蜂蜜色。强健、容易栽培，脚芽长势好，易于牵引、适合拱门。可以享受到浓烈的混合水果香。花名意思为卢瓦尔河畔香侬城堡里的贵妇。

●品系：S ●育出者：Delbard
●花直径：约 10 厘米●香味：浓香
●花期：四季开花●株高：约 1.5 米

艾拉绒球 Pomponella

圆瓣深杯形花，玫瑰色的小花10~15朵成簇开放。分枝性好，能开放大量花朵。可以覆盖整个拱门并不停地开花。柔和的苹果香型。闪闪发光的叶片让花朵更加美丽。抗黑斑病，容易栽培。

●品系：CL ●育出者：Kordes
●花直径：约4厘米●香味：中香
●花期：四季开花●株高：约2米

蓬巴杜 Rose Pompadour

艳丽的粉色深杯形花，随着开放渐变成花瓣丰满重叠的薰衣草色莲座形。花色亦渐渐加深为紫藤色。花开在长长的枝梢上，花朵的重量使枝条下垂。浓厚的混合古典玫瑰香。抗病性好，强健，容易栽培。

●品系：S ●育出者：Delbard
●花直径：10厘米●香味：浓香
●花期：四季开花●株高：1.5 ~ 2.3米

凯瑟琳·莫莉 Kathryn Morley

饱满丰美的柔粉色花朵成簇开放。深杯形，随着开放会渐变成形状优美的莲座形。恰到好处的茶香令人心旷神怡。株形修长，枝条向上伸展，因为花朵的重量而自然下垂。

●品系：S ●育出者：David Austin
●花直径：8~10厘米●香味：浓香
●花期：反复开花 ~ 四季开花
●株高：1.5 ~ 2.5米

亚伯拉罕·达比 Abraham Darby

深杯形花随着开放逐渐变成莲座形。偏粉红的橙色花，看起来带有鲑粉色。根据季节和环境花色会变化。花朵持久性好。株型为大型丛生，开花后应修剪到枝条的一半左右。浓郁的水果香。

●品系：S ●育出者：David Austin
●花直径：9~11厘米●香味：浓香
●花期：四季开花●株高：1.5 ~ 2.5米

薰衣草蕾丝 Lavender Lassie

杯形花，带有薰衣草紫色的亮粉色重瓣中型花。仿佛覆盖全株一般呈花簇开放，以至枝条低垂。半横向发展，能抽生出粗壮的脚芽。伸展性好，适合大型的拱门。抗病性好，强健。具有甜美的麝香味。

●品系：S ●育出者：Kordes
●花直径：约5厘米●香味：浓香
●花期：反复开花 ●株高：约3米

莫利纳尔
La Rose de Molinard

数层重叠的深杯形花，草莓粉色，花心附近混有杏黄色。耐寒与抗病性好。花果混合的香味得到很高的评价，在国际大赛上多次获奖。花名以法国南部的著名香水工厂命名。

●品系：S ●育出者：Delbard
●花直径：8~10厘米●香味：浓香
●花期：四季开花●株高：1.5~2.3米

拱门优美造型的秘诀

拱门作为大型花园的亮点和入口处是必不可少的。缠绕着美丽玫瑰的拱门，是梦想起航的地方。通过精美和谐的造型，来营造一座浪漫的玫瑰花园吧。

通过牵引，让拱门开满鲜花

被美丽的玫瑰花朵覆盖的拱门，不亚于任何华丽的装饰品，洋溢着优美浪漫的气氛。入口处、门道、花园小径，无论设置在哪里都极具存在感，绚丽华美。但是，根据搭设的场所和使用数量的不同，花园的氛围也会随之发生很大的改变，需要在周密计划后再进行搭建。

品种选择

恐怕很多人会有这样的印象，说到拱门就会立刻想到上面缠绕着藤本月季，实际上藤本月季并不适合拱门。藤本月季一般会生长到 3 米以上，对于一般家庭的 2.1~2.5 米的拱门，藤蔓过长将难以应付，拱门也不堪重负。而且，藤本月季以一季开花、没有香味的为多，也不适合家庭花园的拱门。

所以，最好选用四季开花或反复开花的品种，这样从春季到秋季，可以长时间欣赏到繁花似锦的拱门。再加上一些玫瑰拥有自己的香味，更能营造出美妙的氛围，从拱门下通过时会感觉心旷神怡。而株型上，我们推荐半藤本的灌木月季。圆弧形伸展的枝条，长度最多到 2.5~3 米，恰恰适合拱门的尺寸。根据品种香味、花期等特性各不相同，可以再根据自己的喜好选择适当的品种。

造　型

造型不美的拱门，其不雅之态让人一目了然。所以，务必在牵引造型上格外留意。

枝条从拱门的侧面尽量压低平放，让枝条呈 S 形盘旋向上牵引。这样，拱门整体会均匀地长满叶片和花朵。如果让枝条笔直向上，花枝会集中到拱门的上方，变成只有在拱门的顶部才可以看到花的样子。

牵引的时候如果枝条过分坚硬，需多日徐徐牵引，逐渐让枝条横倒。

让拱门整体开花

植物长势很好，从根部发出大量分枝的话，留下数条从拱门侧面 S 形牵引，其他枝条则从根部开始，分别约在距离根部 30 厘米、50 厘米、70 厘米的高度修剪。这样从基部开始就可满布鲜花。

枝条笔直向上牵引的话，花只开放在拱门的顶部。

将枝条成 S 形盘旋牵引，让拱门整体都会开满花朵。

围墙 *Fence*

色彩是演绎居住空间的
重要元素

遮挡外来视线、
围绕园地的栅栏和围墙，
无疑实用性是最重要的，
往往会给人简朴冰冷的印象。
让我们来利用玫瑰丰富的色彩，
让栅栏和围墙面目一新。
在这里介绍一些出色的实例，
看看如何通过独特的配置和造型，
把房屋外围彻底改头换面。

围墙
提高房屋整体的格调

围墙作为和外部世界的交界，第一眼就进入来客的眼帘，可以说围墙左右着房屋给人的整体印象。围墙材料的质感、形态，上面的花朵的分量，如果组合得好，可以造就一座接近理想的庭院。

装饰性线条十分搭配个性奔放的玫瑰

树木环绕、避暑别墅般的住宅，很适合有着装饰性线条的围栏。鲜艳的"草莓冰"(Strawberry Ice)装点得恰到好处。

和自然素材交相辉映的白色和粉色的小花

利用了充满自然情趣的木栅栏，搭配多花蔷薇（Rosa Multiflora）和"安昙野"（Azumino），细小的花朵显得清丽可爱。

古典色调搭配可爱的花朵，典雅动人

厚重的旧木料和铁制材料设计而成的围栏上攀缘着"夏雪"，清秀的玫瑰花朵和环境融为一体，制造出高雅的气氛。

宽幅的铁格子栅栏
衬托出花朵的娇美可爱

从铁制的栅栏里“奥诺琳·布拉邦”（Honorine de Brabant）探头张望。冰冷的素材大胆搭配了甜美的花朵，更显出柔情万种。

起伏的丘陵地上使用
大朵的玫瑰，营造出幻想的气氛

地面倾斜坡度较大，给人以硬朗印象。配以细格子的围栏和“泡芙美人”，感觉浪漫迷人。

突出栅栏的设计感，
白色玫瑰的造型绝美

设计独特的栅栏上牵引上别致的“夏雪”。为了露出下方色彩丰富的草花和背后的景色，特别调整了花株的造型。

适合围墙的搭配

玫瑰配以菱形花格，典雅的景致赏心悦目

上 / 别致的“大本钟”（Bow Bells）和“洛尔·达乌”（Laure Davoust）衬托着白色的斜格花架，可以在自然的景致中尽情欣赏刚栽植下的玫瑰。

朴素的水龙头周边融合了怀旧和时尚

左 / 沿围栏边设计安装的水龙头，是让人忙中偷闲、心绪平静的出色道具。“炼金术士”（Alchemist）和“格拉汉姆·托马斯”装点着四周。

让艳丽的花朵尽情开放

引人注目的路边围栏上令人陶醉的是“珍妮·奥斯汀”和“格拉汉姆·托马斯”。繁茂旺盛的花姿和蓝天互相映衬。

制造动感突出典雅

纤细的白蔷薇前方搭配女性化的物品

花姿纤柔梦幻的多花蔷薇在栅栏上尽情开放，配以奢华的长椅，两者浑然一体，微妙动人。

杏黄色的玫瑰和白色的长椅，甜美可爱

沿着围墙的小型长椅上方的玫瑰显得柔美动人。“珍妮·奥斯汀”经过压低下垂造型后更加繁茂，周围还搭配了小型盆花。

花朵紧贴着墙壁，形成美丽的玫瑰公馆

为了更加自然地遮挡外界目光，花墙大显身手。“保罗的喜马拉雅麝香”和“安吉拉”爬满墙壁。

让古老的砖墙焕发新生

连接在古朴有致的砖墙上的栅栏，攀缘着藤本月季“夏雪”，虽然是分量感十足的单一品种，但怒放时白花皑皑如雪，使人感觉清新自然。

厚实的石墙上覆盖着轻盈的花枝，优雅迷人

厚重的石墙上攀爬着明亮的“晨曲梅兰迪”，枝繁花盛，好像披上一件珍藏多年的礼服。

和拱门同色系的玫瑰，制造出整体感

和花园深处的拱门搭配，石壁上牵引了“威廉·罗伯”（William Lobb）和“阿伯丁”（Albertine）。浓淡相宜的粉色交织出的风景美妙动人。

适合围墙的

为了营造出优
首先要选择适合
另一个要点是均匀

芭蕾舞女 Ballerina

纤细柔软的枝条伸展性好，粉红色单瓣小花成团开放。枝梢侧分出大量细小枝条。一年中反复开花不断。盛开时形成美妙的风景。强健，易于管理。稍许半阴处也可以生长。秋季可以欣赏到红色的玫瑰果。

●品系 :HMsk　●育出者：Bentall
●花直径：3 ~ 4 厘米●香味：微香
●花期：四季开花●株高：约 1.5 米

金翼 Golden Wings

乳黄色的花心向外逐渐晕开变浅，大朵单瓣开放。红色的雄蕊引人注目。即使到晚秋也会不断开花。株形横向发展，生长旺盛，多发脚芽。保持残花会稍微影响开花，但由此秋季可以观赏到黄色的果实。

●品系 :S　●育出者：Shepherd
●花直径：约 10 厘米●香味：微香
●花期：四季开花●株高：约 2.5 米

科尼利亚 Cornellia

深粉色的花蕾随着开放逐渐变成杏色。中型平盘花大量开放，形成大型花簇。开放较迟，持久性好。具有独特的麝香味，多生脚芽，少刺、容易造型和管理。

●品系：HMsk
●育出者：J.Pemberton
●花直径：约 5 厘米●香味：浓香
●花期：四季开花●株高：约 2.5 米

繁荣 / 白满天星 Prosperity

白色重瓣中型花。花蕾时稍带粉色。开放从杯形渐变成平开形。春季花朵繁多，持久性好，能长时间开放。麝香味。有刺，分枝茂密。强壮，长势良好，抗病性也很优秀。

●品系 :HMsk ●育出者：J.Pemberton
●花直径：约 6 厘米●香味：中香
●花期：反复开花●株高：约 2.5 米

阿伯丁 Albertine

鲑粉色中型花莲座状开放，渐变成平盘形，颜色也成为浅粉色。10 朵左右成簇，花朵持久性好，因为花朵繁多，枝条被压到弯垂。枝条粗壮，多刺。生长旺盛，半横向伸展，能够完全覆盖围墙。强健，容易栽培。

●品系 :LCl　●育出者：Barbier
●花直径：约 8 厘米●香味：中香
●花期：一季开花●株高：约 4.5 米

安吉拉 Angela

玫瑰粉色半重瓣花杯形开放。花瓣底部很浅，全开时可以看到雄蕊。枝条较硬，以尽早牵引脚芽为宜。盛花期无数小花形成紧密的花簇，持续开放。花朵持久性好。强健易于栽培，适于初学者。

●品系 :FL ●育出者：Kordes
●花直径:约 6 厘米●香味:微香
●花期:反复开花 ●株高:约 3 米

玫瑰品种

美的外观，
围墙高度的玫瑰。
地牵引在围墙之上。

康斯坦斯·斯普莱 / 风采连连看 Constance Spry

充满古典玫瑰魅力的粉色大朵花，深杯形开放。作为英国月季的第一个品种，是深受人们喜爱的一季花藤本。耐寒性好，在半阴处和日照不佳的地方也能良好生长。枝条伸展性好，柔软，易于牵引。

●品系 :S ●育出者：David Austin
●花直径：约 12 厘米●香味：浓香
●花期：一季开花●株高：约 3.5 米

艾伦·蒂施骑 Alan Titchmarsh

深粉色花，颜色向花心处逐渐变深。圆形花蕾开放后形成花瓣繁多的深杯形。枝条柔软，伸展性好。分枝后的枝条横向伸展很适于覆盖围墙。柔和的古典玫瑰香令人着迷。强健，易于管理。

●品系 :S ●育出者：David Austin
●花直径：约 10 厘米●香味：浓香
●花期：四季开花●株高：约 2.3 米

龙沙宝石 Pierre de Ronsard

人气很高的藤本月季，花色是从花心开始由粉色变浅。初开时为深杯形，逐渐变成莲座形。侧枝分发良好，植株上方茂密，花朵持久性好。秋季有时会有少许开花。

●品系 :LCl ●育出者：Meilland
●花直径：约 12 厘米●香味：微香
●花期：一季开花●株高：约 3 米

菲利白 Phillis Bide

浅杏色随着开放逐渐变化，最后成为淡绿色。枝条柔软呈弧形生长，容易管理。小朵重瓣花，花朵持久性好，可以持续开放接近两周。雨天花朵也很少受伤。喜好日照，是耐热性、耐寒性俱佳的强健品种。

●品系 :PolCL ●育出者：S.Bide
●花直径：4~6 厘米●香味：微香
●花期：反复开花●株高：约 3 米

格拉汉姆·托马斯 Graham Thomas

黄色大朵花杯状开放，易于生发脚芽的强壮品种。枝条柔韧，应尽早牵引。成株后秋季的花朵可以持续开放到冬季。适合新手，2009 年当选世界玫瑰联合会的最佳玫瑰殿堂奖（此奖是 WFRS 颁发给当年最出色玫瑰品种的奖项）。

●品系：S ●育出者：David Austin
●花直径：约 9 厘米 ●香味：浓香
●花期：反复开花 ●株高：约 3.5 米

威斯利 2008 Wisley 2008

柔美的粉色，浅杯形花随着开放变成莲座形。在坚硬的枝条顶端向上成簇开放，新枝应该尽早牵引。耐病性强，清新的水果香型。

●品系 :S
●育出者：David Austin
●花直径:约 8 厘米●香味:浓香
●花期：四季开花
●株高：约 2.5 米

围墙优美造型的秘诀

作为庭院的隔挡和沿着道路设置的围墙。不仅进入眼帘的机会非常多，也是一所住宅给人留下第一印象的地方。让美好的玫瑰开放其上，给路过的人带来愉悦吧。

欣赏开满整面围墙的玫瑰之美

整片围墙开满玫瑰的壮景令人叫绝。密不透风地满开的花朵虽然美不胜收，但是如果造型不好，开花时也会不匀称，不协调。因为是展现在众人面前的场景，所以要格外细致地管理。和房屋本身保持协调也是不能忽视的因素。

品种选择

要点是在根据围墙的高度选择品种。尽量选择高度在围墙高度 1.5 倍以内的品种。

低矮的围墙，最适合横向伸展的灌木月季。而横长的围墙，我们建议选用枝条柔韧的蔓生蔷薇。其低垂向下的柔美花姿格外引人注目。

较高的围墙则适合枝条扇形伸展的杂交麝香玫瑰、大型灌木月季、藤本月季。

选择开花时间不同的各种玫瑰组合起来也效果卓著。改变花的颜色和大小，能够让围墙上变幻出不同的风情。另外，通过早开品种和迟开品种的混搭，可以更长时间欣赏到美妙的花朵。

造　型

不仅仅让花朵开在围墙上方，而是让整面墙都布满花朵，这需要在牵引上下功夫。

低矮的围墙，尽量从较低的位置将枝条水平横向牵引。另外，不要将枝条一直牵引到接近顶端的位置，而是在顶端稍下方固定住枝条。这样，在牵引工作完成后新枝条萌发出来还留有固定的位置。蔓生蔷薇柔韧的枝条会向下低垂，所以不用预留位置。

高围墙则应该呈扇形分开牵引枝条。为了让整个围墙均匀的开满鲜花，牵引时的枝条要间隔一致。

花梗的长短也会让整体氛围不同

花朵下面的细枝叫做花梗，根据品种不同长短也不一样。花梗长，花就会下垂开放，随风摇曳，给人自然的印象；花梗短则紧贴在围墙上开放、不下垂，给人整洁统一的感觉。

矮围墙要尽量从较低位置压低枝条牵引。

高围墙要呈扇形等距牵引。

凉亭·棚架 *Gazeb·Pergola*

和花朵协调相配
打造优雅形象

在盛开的玫瑰花覆盖的屋顶下，
悠闲品茗，
或是园艺工作后小憩片刻……
能够细细体验花和
绿之美的凉亭和棚架，
是花园中最好的休息场所。
在此我们介绍一些精心制作
的愉悦身心的场景。

下午茶时光，
尽情使用甜美风格的造型

“龙沙宝石”“遗产”（Heritage）芳香甘美，浪漫无比。四周和茶桌的摆设更增添了温馨气氛。

形态朴素的圆拱门，
装点着小花玫瑰，清新可爱

半圆形的拱门上缠绕着“梦幻少女”（Yumeotome），稍稍昏暗的光线显得沉稳安详。两端茂密盛开着“伯尼卡”（Bonica）。

绿叶和白色玫瑰
的缝隙间透入的光线柔和舒适

在宽格子的凉亭上攀爬着“藤冰山”和“莫凡山”（Malvern Hills），轻柔的光线让身心都得到放松。

凉亭、棚架
成为花园里歇息的场所

太阳光线穿过美丽的花色和绿叶时感到的满心舒畅。
静坐下来小憩片刻的凉亭和棚架。但愿把向往的景象都放入这美好的地方，
关注它们和玫瑰的搭配，制造完美组合吧。

身心舒爽的空间
来自整体的规划

木地板上摆放着白色桌椅，风格独特的砖地上搭配铁制餐桌，形成个性十足的一角。粉色的“新曙光”更增添了几许明艳之感。

凉亭是一块休憩的地方

卷绕在支柱上，
形成华美的一角

左 / 白色支柱上缠绕着“龙沙宝石”和铁线莲“绿玉”（Florida Alba Plena），仿佛精雕细琢过般华丽，给人高雅的感觉。

中心配置了
雕像，造型富于个性

右 / 四面开放的凉亭周边环境是搭配的要点。从顶上垂下的“月光”（Moon Light）和四周丰富色彩的花卉组合形成独特的空间。

改变缠绕方式彰显个性

窗畔的迷你棚架，让室内观赏效果更为出色

外墙上的迷你棚架，经过 DIY，牵引了“洛可可”（Rokoko）和“粉色花边”。从屋内也可以欣赏到木框装饰着的风景。

被粉红色淹没的支柱，仿佛玫瑰之树

可爱的“菲利白”缠绕在茶褐色的支柱上，别致考究。附近搭配了粉叶复叶槭（Acer negundo），形成自然的景致。

入口处花枝烂漫，令人一见难忘

大型棚架上缠绕着“纯洁”（Purity），脚下是浅色的银香菊（*Santolina chamaecypar-–issus*），细腻柔美而又生机盎然。

以白色和绿色为基调，
多种多样的植物装点着后门

白色的棚架牵引着夏日里绽放的“雪雁”（Snow Goose）攀缘到 2 楼。搭配柳穿鱼和银香菊形成清爽的意境。

假窗搭配成中庭的感觉

没有刷漆的朴素木板上缠绕着“弗朗索瓦·朱朗维尔”和“杜斯基”。作为支撑物的板壁上开设了假窗，更具气氛。

白色的木材配以粉色的玫瑰，自然浪漫

棚架的屋顶上攀缘着“卡德法尔兄弟”和“多萝西·珀金斯”。鸟笼风格的容器和盆栽让空间变得甜美起来。

体验闲游的乐趣，
小景配置更显魅力

盛开着“保罗的喜马拉雅麝香”的走廊里，摆放着球形的椅子和大型的盆栽，稍动脑筋就让散步变得乐趣无穷。

适合凉亭、棚

大型的凉亭和棚架适合用枝条来创造一片玫瑰花的海洋

五月皇后 May Queen

柔和的粉红中带有丁香色，重瓣花朵莲座状开放，随着开放逐渐变成紫丁香色。花量大，在纤细的枝头3~4朵成簇开放。植株强健，生长旺盛，枝条柔软而且少刺，很容易管理。横向伸展的枝条如不加牵引造型就会下垂。

●品系 :HWich ●育出者：W.A.Manda
●花直径：约6厘米●香味：中香
●花期：一季开花 ●株高：约5米

腺梗蔷薇“奇福之门”
Rosa filipes ‘Kiftsgate’

淡黄色单瓣花随着开放渐变成白色。100朵左右的花蕾组成巨大的花球。小型花朵会成片开放，秋日还能欣赏到众多的蔷薇果。强健，在半阴处也可以良好生长。此种蔷薇是在英国奇福之门花园发现，由玫瑰专家格拉汉姆·托马斯为之命名。

●品系 :Sp ●育出者：Boerner
●花直径：约4厘米●香味：微香
●花期：一季开花●株高：约5米

埃克塞萨 Exceisa

具有光泽的鲜艳的红色花，杯型开放。花型较小但花瓣数多，组成饱满的花簇，非常美丽。一季开花，可覆盖住整个凉亭和棚架。细软的枝条横向伸展，易于造型。会生白粉病，耐寒性好，是在北面和半阴处也能健康成长的强健品种。

●品系 :HWich ●育出者：Walsh
●花直径：约3厘米●香味：微香
●花期：一季开花 ●株高：约5米

泡芙美人 Buff Beauty

杏黄色重瓣花，随着开放渐变成黄褐色。颜色会跟随气温变化。莲座状中型花，8朵左右成簇开放。叶片较小，枝条半横向伸展。拥有甜美的麝香味，浓郁芳香，极具魅力。刺少，容易整形；强健，易于栽培。

●品系 :HMsk ●育出者：Ann Bentall
●花直径：约8厘米●香味：浓香
●花期：四季开花●株高：约2.5米

约克城 City of York

奶油色的花蕾开放后逐渐变成白色。黄色的雄蕊和花瓣的对比非常美观。半重瓣接近平盘状的浅杯形花。春季整个植株开满花朵，配上具有光泽的叶片十分美丽。横向伸展，生长旺盛，具有大量的细枝条。花期较迟，有少量的重复开花。

●品系 :LCI ●育出者：Tantau
●花直径：约8厘米●香味：中香
●花期：一季开花●株高：约3.5米

黄油糖 Butter Scotch

带有深奶油色的浅茶色花朵，随着开放渐渐变淡。秋季可以欣赏到较为深色的花色。整齐的大型花成簇开放，稍微低垂向下。分支性好，枝条长，作为四季开放的藤本月季可以一直开放到接近冬季。

●品系 :LCI ●育出者：William A.Warriner
●花直径：约10厘米●香味：中香
●花期：四季开花●株高：约2.5米

架的玫瑰品种

生长到 3~4 米以上的藤本月季。
让人心灵平静的场所吧！

弗朗索瓦・朱朗维尔
Francois juranville

鲑粉色花朵，在花瓣重叠处带有奶油色。波浪形的花瓣呈莲座状，5 朵左右成簇开放。一季开花但是颇具魅力。花量很大，开放时仿佛覆盖住整个植株。枝条柔软，横向伸展，可以形成良好的造型。香味为苹果香。

●品系 :HWich ●育出者：Barbier
●花直径：约 6 厘米●香味：中香
●花期：一季开花 ●株高：约 5 米

大游行 Parade

艳玫瑰色大朵莲座形花。3~5 朵成簇开放，可持续到晚秋时节。枝条较粗壮硬挺，需尽早牵引。在脚芽刚发出的时候剪掉尖端促进分枝，可以增加枝条数量。抗病性好，强健，适合初学者。

●品系 :LCI ●育出者：Boerner
●花直径：约 12 厘米●香味：中香
●花期：四季开花●株高：约 3.5 米

栀子花 Gardenia

重瓣杯形花，中等大小。花蕾带有乳黄色，开放后变成柔美的奶油色。花心部分是较深的黄色。春季开花，花期较迟。深绿色叶片带有光泽，非常美观。枝条纤细，向下伸展。抗病性好，强健，即使是新手也容易栽培。

●品系 :HWich ●育出者：Manda
●花直径：约 6 厘米●香味：微香
●花期：一季开花●株高：约 5 米

保罗的喜马拉雅麝香
Paul’s Himalayan Musk

从远处看就像樱花盛开一般，淡粉色的花朵随着开放变成白色，覆盖整个植株。半重瓣的杯形花成簇开放。枝条柔软容易造型，花枝绵长，自然垂下。适合在较大的场所栽培。

●品系：HMsk ●育出者：Paul
●花直径：约 3.5 厘米●香味：微香
●花期：一季开花●株高：约 7 米

多特蒙德 Dortmund

华丽的大红色中型花，花瓣根部为白色。花瓣完全打开后可以看到黄色的雄蕊，5~6 朵成簇开放，花朵持久性好。横向伸展的枝条，一年即可伸长到约 3 米长。枝条柔软，易于造型。属于迟花型。摘取残花可以反复开花。抗病性好，是一个生长旺盛的强健品种。

●品系 :Hkor ●育出者：Kordes
●花直径：约 9 厘米●香味：微香
●花期：重复开花●株高：约 2.5 米

凉亭、棚架优美造型的秘诀

作为花园里华美的焦点，凉亭和棚架无时无刻不散发着强烈的浓郁花香。你在其中度过的午茶时光将是如此与众不同！

选择数种玫瑰进行组合，华美地覆盖其上

想必很多人都憧憬着在繁花似锦的玫瑰花丛下设置桌椅，度过一段优雅的时光。凉亭和棚架，这两者需要覆盖的面积都很大，因此，除了要认真选择品种之外，还要根据氛围和色调反复掂量。这是一块非常适合栽种玫瑰的地方，也是设计后非常出彩的花园素材。

品种选择

最好选取藤本月季中枝条能生长到 3~4 米以上、枝条数量众多的品种。大型的凉亭可以通过数个品种的组合，形成华丽的造型。或者，选择大型藤本月季，将棚架的骨架完全覆盖，也能造成典雅的印象。

另外，凉亭有的是木制，有的是铁制，各自相配的玫瑰也不尽相同。如果是木制的，因为凉亭本身具有观赏价值，可以把玫瑰设计成锦上添花的效果，朴素可爱的小花藤本月季就非常适合。铁制的棚架也同样可以搭配大小不一的玫瑰，展现出华美的效果。如果想从下向上仰视花朵，则可以搭配一些蔓生蔷薇。

造　型

选用枝条柔软的品种在缠绕时很方便，管理时也更轻松。首先将长势旺盛的枝条牵引到凉亭中央，让侧枝均衡地展开。特别是柔软的侧枝，可以让它们自然下垂，更有情调。

使用藤本月季的时候，枝条生长得较长，在柱子周围不容易开花，显得下部空落。这时可以配合香气浓郁的四季开花的灌木月季，在支柱的四周也制造出饱满丰美的感觉。还可以从根部开始将数根枝条间隔约 50 厘米修剪，从而形成高低层次。这样，包括柱子在内的整个架子可以均匀地开满花。

使用 S 形挂钩绑定枝条

牵引头顶上的枝条工作并不容易。手够不到的地方，可以使用铁丝弯成钩状，将枝条钩下来操作。另外，也可以将 S 形的挂钩当作枝条之间连接挂定的工具。

通过有层次的修剪，让支柱四周也充实饱满。

木制的凉亭屋顶牵引上线条纤柔的玫瑰。

墙壁 · 窗沿 *Wall·Window*

不同的组合配置
欣赏到不同的风景

占据大幅面积的墙壁和窗沿，
是构成住宅脸面的重要部分。
精心设计之后可以让整个房屋面目一新。
充分利用背景的特色，
自由发挥想象，
在此搜集了各种事例以供参考。

墙壁、窗沿
将建筑物装扮得更加华美

要在有限的地方充分体会玫瑰的魅力，利用房屋的外墙是不可或缺的手段。

巧妙地搭配窗户和四周的物件，把房屋装点得优雅迷人。

整面墙壁完全被玫瑰覆盖，体验近距离和玫瑰亲密接触的幸福感

"夏雪"、"杰奎琳·杜普蕾"（Jacqueline Du Pre）、紫色的风铃草等，数种花卉将墙壁完全覆盖。摆设桌椅后可以从近处尽情观赏。

怀旧的物件点缀以浅色玫瑰，平添了温馨感

左 / 柔美色调的玫瑰和马口铁工具并排摆设的一角。"晨曲梅兰迪"和"白花巴比埃"是完美搭档。

从窗户两侧环绕，尽显可爱魅力

右 / 让很容易显得杂乱无章的工具房墙壁上花团锦簇。以紫红色的小花为中心，从窗户下方牵引着可爱的"埃克塞萨"。

控制分量，营造特色

深浅粉色的花色搭配，柔美而别致

鲜艳的“干杯”（Kanpai），单独种植会显得咄咄逼人。在这里搭配了柔和的“夏日女士”（Summer Lady）和“新曙光”（New Dawn），色调悦目，恰到好处。

柔和色调的墙面因红色玫瑰而眼前一亮

浅米色砖墙配以同色系“弗朗索瓦·朱朗维尔”。而大红的“布莱斯威特”打破了整个柔和色调，让墙面变得绚丽夺目，充满个性。

妙趣横生的小物件
和小型玫瑰，浓缩出玲珑的空间

摆放雨靴和搪瓷杯子的一角，细铁架上缠绕着楚楚动人的“科尼利亚”（Conerria），充满小巧可爱的魅力。

清新自然的阳台上
种植浅色玫瑰，雅致迷人

西洋风格的阳台背后墙壁上牵引了“龙沙宝石”和“冰山”。细腻的花色让整个氛围变得安详宁静。

大面积覆盖的搭配

让纤细的枝叶下垂，
仿佛花瀑从天而降

左 / 枝叶都很纤细的木香牵绕在伸出的屋檐上，情趣十足。而路边的金合欢树姿态稳重大方，起到很好的平衡作用。

墙壁两端的玫瑰遥
相呼应，搭配出明快的动感

下 / 厚重的墙壁两端分别牵引了白色的“晨曲梅兰迪”和“白花巴比埃”。加以装饰性的吊篮，让人眼前一片清新。

复古的外观配以玫瑰和盆花增添时尚感

上左 / 红砖墙、深绿门扉，房屋本身古趣盎然。搭配了明艳的“卡洛琳 · 特斯托夫人”（Mme Caroline Testout）和小巧的盆花，显得时尚可爱。

朴素的木板作为画布，各色花朵缤纷烂漫

上右 / 简朴的墙壁是自由装点各种花朵的绝好场所。“蓝月”（Blue Moon）、“伊萨佩雷夫人”和飞燕草组成和谐的对比色。

在顶部制造分量感，下部以草花来协调

下 / 繁茂丰满的“婚礼日”（Wedding Day）单独栽培会显得头重脚轻。在植株脚下种植叶形变化多端的草花，以协调整体比例。

前方搭配低矮树木，
品味新绿的清新舒爽

从窗口看出去的空间被装点得清新明快。精心修剪过的针叶树和“芳汀·拉图尔”（Fantin-Latour）相映成趣。

装点窗沿提升格调

玫瑰和葡萄，
形成法国南部常见的风景

长势旺盛的黑珍珠葡萄，一直伸展到天空，搭配以“龙沙宝石”，形成只有在法国南部才能探访到的新颖景致。

饱满充实的分量感，演绎出典雅优美

藤本“保罗的喜马拉雅麝香”花量极多，丰满地环绕着窗户四周。简朴的墙面立刻升格为典雅华丽。

和草花们重叠交织，
描绘出柔和甜美的风光

上 / “冰山”和“保罗的喜马拉雅麝香”在墙壁和窗沿上纵横交错，细致的枝叶和娇小的花朵形成温馨宁静的气氛。

和墙壁色交相辉映
的玫瑰打造出鲜明印象

左 / 深灰色的墙壁上搭建格架，攀爬上亮丽的“金兔”（Gold Bunny）。而前方细致的草花柔化了鲜艳醒目的色调。

四周花朵环绕，
仿佛为窗户镶上花边

右 / 窗户上方是黄色的“茶色美人”，下方是别致的“尚博德伯爵”（Comte de Chambord）。恬静柔美，仿若梦境。

适合墙壁、窗

攀爬到 2 楼以上使用藤本月

根据开花的高度、外墙的色调、材

吉瑟娜
Ghislaine de Fligonde

黄色花蕾开放后变成乳黄色，完全展开后又变成白色。大型花簇里混有从黄色到白色的花朵，盛开时几乎覆盖全株。枝条柔软，刺少，易于造型。清淡的水果香型，抗病性好。

●品系 :HMsk ●育出者：Purbut
●花直径：约 5 厘米●香味：中香
●花期：一季开花●株高：约 3.5 米

娜荷马 Nahéma

明亮的柔粉花色，从深杯形渐变到莲座形。枝条细软容易杂乱，刺少易于造型。深度修剪之后，开花性会更好，适于初学者。香味美好，最适合装饰在窗畔。以娇兰公司的同名香水命名，娜荷马是《一千零一夜》里的一对双胞胎姐妹中的一个。

●品系 :S ●育出者：Delbard
●花直径：约 8 厘米●香味：浓香
●花期：四季开花●株高：约 2.5 米

莫蒂默·赛克勒
Mortimer Sackler

淡粉色中型花，从浅杯形开放成莲座形。喷泉型多花枝开放，花朵稍微下垂。长势旺盛，开花很多。株形苗条，枝条刺少，容易管理。抗病性好，容易栽培。古典玫瑰香中混合水果香型。

●品系 :– ●育出者：David Austin
●花直径：约 8 厘米●香味：浓香
●花期：四季开花●株高：约 2.5 米

雪雁 Snow Goose

花瓣众多的白色蜂窝状小花，在细软的枝头成簇大量开放，能一直开放到初冬。抗病性好，强健，容易栽培。几乎无刺，易于牵引造型。适合窗畔，也适合和其他品种的玫瑰混植。甜美的麝香型。

●品系 :S ●育出者：David Austin
●花直径：约 4 厘米●香味：微香
●花期：反复开花
●株高：约 3 米

太子妃 / 玛格丽特
Crown Princess Margareta

深杯形花展开后变成花瓣众多的莲座形。花色是美丽的杏黄色。柔弱的枝梢常有数朵花成簇开放，适合仰视的墙面。抗病性好，强健。茶香玫瑰香型。

●品系：S ●育出者：David Austin
●花直径：约 10 厘米●香味：浓香
●花期：反复开花●株高：约 2.5 米

戴尔巴德 Papi Delbard

根据气温会从橘黄色变为杏色，花色变化有趣的大型花。花瓣数量众多，大型的莲座形花。枝叶柔软易于牵引。强烈的水果香气清新动人。花名来自戴尔巴德玫瑰公司的创始人。

●品系 :S ●育出者：Delbard
●花直径：约 11 厘米●香味：浓香
●花期：反复开花●株高：约 2.5 米

沿的玫瑰品种

季。一楼则更适宜灌木月季。
料的特性等，综合考虑来选择。

和风 Zephirine Drouhin

深粉色花，满开时为平盘花形，花瓣反卷。以枝条刺少为特征。适合牵引到窗旁。生长非常旺盛，但秋季开花较少。天冷之后枝条会变硬，应在严寒期到来之前完成牵引造型。较易患白粉病。具有浓烈的水果香。

●品系 :OR ●育出者：Bizot
●花直径：约 6 厘米●香味：浓香
●花期：反复开花 ●株高：约 3.5 米

格特鲁德・杰基尔 Gertrude Jekyll

鲜艳的玫瑰粉色重瓣花，大朵开放，让人联想起古典玫瑰的莲座状花。花朵持久性好，随着开放花色渐渐变浅。生长旺盛，粗大的脚芽茂盛伸展。年数渐长后秋季开花增多，一直开放到冬季。带有水果味的大马士革香型。

●品系 :S ●育出者：David Austin
●花直径：约 10 厘米●香味：浓香
●花期：反复开花●株高：约 2.5 米

多萝西・珀金斯 Dorothy Perkins

层次众多的千重瓣深粉红色花，形成大型花簇开放。花期较迟，分枝性好，生长旺盛。可以造型成下垂型。株形较大，建议种植在宽阔的场所。枝条少刺，柔软，易于造型。

●品系 :HWich ●育出者：J&P
●花直径：约 4 厘米●香味：微香
●花期：一季开花●株高：约 3.5 米

白花巴比埃 Albéric Babier

展开时为奶油色的花朵，之后只有花瓣重叠部分保持奶黄色，其他部分都渐渐变浅。深绿色叶片具有光泽，非常美丽。刺少，枝条伸展性好，即使小株也能开花。随着年数增长可以覆盖大型墙面，茶香型爽朗的花香。抗病性好，强健，容易栽培。

●品系 :HWich ●育出者：Babier
●花直径：7 厘米●香味：微香
●花期：一季开花●株高：5 米

微风 Brise

带有杏黄的奶油粉色。圆滚滚的杯形花 3 ~ 5 朵成簇开放，随着开放逐渐可以看到黄色的花蕊。直立型灌木月季，经过反复分枝长大，细枝笔直伸展。香气清爽宜人。抗病性好，容易栽培。

●品系 :S ●育出者：Delbard
●花直径：约 8 厘米●香味：浓香
●花期：四季开花●株高：约 2.5 米

墙壁、窗沿优美造型的秘诀

在房间里也可以欣赏到窗旁的玫瑰以及让路人也会驻足凝视的玫瑰墙。提高房屋的整体印象，美化效果显著。

选择这样的玫瑰！

●墙面：藤本或丛生月季

●窗沿：灌木月季或蔓生蔷薇

和房屋的外观保持协调，需要绘画般仔细牵引造型

想象墙面和窗户是画布，枝条在上面攀缘时就像描画线条一样，这需要主人的协调均衡能力。

玫瑰的枝条是无法直接攀缘在墙壁上的，所以要在墙面上先设置铁丝等固定物再进行牵引。虽然可以自己用螺栓固定，但最好还是交给专业人员操作更为放心。铁丝如果是铁质会生锈，推荐使用不锈钢质的。

品种选择

基本原则是选择和房屋外观相称的品种。再喜欢的品种，如果和外墙的素材及色调不协调，很难产生具有统一感的美观风景。要时刻注意玫瑰需要和庭园整体的印象相符，才能让整个园地成为浑然一体的空间。

另外，不只要考虑花朵的色和形，也要考虑枝条的伸展方式。这是品种选择上的一大要点。希望一直覆盖到2楼或是需要缠绕宽幅的墙面时，藤本月季是最佳选择。希望制造出华美醒目的效果，则应该将枝条舒展扩张，横向配置。藤本月季多数是一季开花，这样和四季开花的灌木月季混合栽植之后，可以在除春天以外的季节也欣赏到花朵。

1楼的窗畔周围，也常被认为很适合藤本月季，而实际上藤本月季枝条很长，在窗户的位置很难开花。这些位置较低的地方，更推荐丛生月季。

不是经常开启的窗户，可以从窗户上垂吊下轻柔的花枝，以便在室内也可以观赏到玫瑰之美。无论从房屋内外都会给人留下优雅的印象。花簇下垂的蔓生蔷薇，枝干纤细的灌木月季，都可以在窗旁营造出美妙的一幕。

修　剪

藤本月季的枝条长势旺盛，花朵开放在较高的部位。所以，1楼的窗户附近不会有花开放。如果希望花开在这个位置，就要经过精密的计算，将数根枝条从较低的位置间隔高度修剪，让它们的枝梢正好长到窗户旁边。这样窗旁就可以欣赏到高度层次变化的花朵。在修剪时，要保留数根较长枝条，以确保窗户上方也能有花开。

和铁线莲完美搭配

铁线莲和玫瑰是一对最佳搭档。在玫瑰顶上如果种植别的藤本植物生长状况会变差。铁线莲中推荐可以强剪的反复开花品种。开花之后，从地面约20厘米的地方开始修剪，就不会给玫瑰的生长带来负担。

花坛 *Flower Bed*

规划好整体的风格

花坛的特征是在土地里栽培，
面积较大，
可以将多种植物混合栽培。
花坛经常给人以大量栽种低矮草花的印象，
使用了玫瑰之后可以给花坛增加高度和分量感。
怀着梦想的景象，
做一个周密的计划吧。

密密麻麻地种植低矮草花，感觉恬静柔美

S形的小路两边是橘黄色的"帕特·奥斯汀"和粉红色的"玛丽·罗斯"（Mary Rose），变化丰富。脚边则用绿色完全覆盖，增添了雅致感。

个性迥异的花朵让人觉得回味悠长

左/粉色的"康斯坦斯·斯普莱"和红色的"国王乔治四世"，修长的毛地黄……配以各式各样的草花，组成别具风味的一角。

古典花型的玫瑰保持株间距离会更加醒目

右/以古典花姿为特色的"尚博德伯爵"和"杰夫·汉密尔顿"（Geoff Hamilton）稍稍保持距离栽培。红色和紫色的花朵形成对比色。

让花坛里的花朵表现出动人魅力

玫瑰，让平淡无奇的花坛变得动人心弦。

最近适合搭配草花的园玫瑰新品种层出不穷。

通过关注小面积的花卉组合，思考让整个花园如何变得丰富多彩吧。

高低层次让观感更立体

宽阔的场地加种树木，体会小森林的乐趣

红色花朵的藤本月季配以叶色明亮的绣线菊（Spirea）和对比色的飞燕草。宽广的大型庭院通过众多的花卉品种变得生机勃勃。

各式各样的玫瑰分量感十足，非常吸引眼球

“大游行”“丰盛的恩典”（Grace Abounding）、“欢笑格鲁吉亚”（Teasing Georgia）等，动人的花朵成为花园路边拐角上耀眼的明星。

鲜艳的花朵装点得花坛生机盎然

黄色的“黄金庆典”、粉色的“波特梅里恩”（Portmeirion）欣欣向荣，活力四射。

玫瑰和浅色系草花配合，形成梦幻的一角

阿纳斯塔西亚”（Anastasia）、白晶菊和银叶菊。浅淡色系的植物组成一个童话般的世界。中间的宿根福禄考茂密繁盛，引人注目。

藤架下方搭配着
小花，造型甜美可爱

左 / 视线从藤架落下时，那些有趣的发现会让人格外惊喜。“致意亚琛”（Gruss an Aachen）和铁线莲、紫色的小草花显得妩媚动人。

纤细的绿叶陪衬着
秀美的白色玫瑰，清丽迷人

右 / 高度恰到好处的石阶下，花坛里种植着“水果篮”（Teucrium Fluticans）。细致的叶片和白色玫瑰“晨曲梅兰迪”浑然一体。

长椅和华美
的花朵组成画中图景

下 / 别致的长椅旁边种植着波浪形花瓣的“洛可可”。装点得随意堆砌的红砖花坛别有风味。

橙色和白色让坚硬的
拐角处轻盈柔和起来

左 / 红砖砌成的花坛一角种植着“玛格丽特”和“米埃尔”（Miel）。制造出甜香四溢，柔和安逸的气氛。

停车场的旁边用五彩缤纷
的花朵点缀，立刻增色不少

右 / 玫瑰“朝圣者”（The Pilgrim）和铁线莲“爱丁堡公爵夫人”（Duchess of Edinburgh）在停车场的旁边竞相开放，曾经杂乱的地方，突然就变得光彩照人了。

活用花坛和围栏中
间的空隙，让整体印象更完美

花坛和栅栏间的空隙，种上了“柯薇山谷”（Corvedale）和匍匐性针叶树。经过悉心整理，那些容易被忽视的空间也变得精美无比。

高度相同的草花
烘托出自然的气氛

花园路边的拐角处可用各种手法来装饰。图中“金缘”、大花葱等，高度统一的混合栽植形成一片自然的风景。

仿佛玫瑰花园的标志物，
中央配置了直立型的品种

直立型的“五月皇后”（May Queen）常是人们的焦点，它被种植在花坛的正中央。脚边是叶片肥大的草花，引人注目。

肯特公主
Princess Alexandra of Kent

开放最初是杯形，逐渐变成杯形莲座状。粉色花瓣稍微向下开放的姿态优美动人。香气也会随着开放从最初的茶香变成柠檬香。抗病性好，强健，易于管理。

●品系 :S ●育出者：David Austin
●花直径：约 10 厘米●香味：浓香
●花期：四季开花●株高：约 1 米

银禧庆典 Jubilee Celebration

鲑粉色花瓣向外逐渐变浅，花心混有蜜糖色。大朵杯形花中间四联形开放。直立，分枝性好，细枝条也可以开花。柑橘香和甜香的混合香型。抗病性好。花名是为纪念伊丽莎白女王即位 50 周年而命名。

●品系 :S ●育出者：David Austin
●花直径：10 ~ 11 厘米●香味：强香
●花期：四季开花●株高：约 1.3 米

阿芒迪・夏奈尔 Amandine Chanel

木莓红色的中型杯状花，花瓣背面颜色较浅。5 ~ 7 朵成簇开放，花朵持久性好。四季开花性强，喜好日照。丛生株型，枝条不会生长过密。抗病性好，容易栽培。也适合花盆栽培。蜜桃和青柠味的混合香型。

●品系 :S ●育出者：Guillot 公司
●花直径：8 ~ 10 厘米●香味：中香
●花期：四季开花●株高：约 1.2 米

冰山 Iceberg

重瓣平盘形花，成簇开放。开花时，整个植株会被花朵覆盖，可以长时间欣赏到开花。几乎无刺，株形成圆拱形，紧凑。抗病性好，容易栽培。这种美丽的白色玫瑰被认为是 20 世纪的代表性品种。

●品系 :FL ●育出者：Kordes
●花直径：约 8 厘米●香味：微香
●花期：四季开花●株高：约 1.4 米

格蕾丝 Grace

明亮的橙黄色花朵，花瓣中心颜色渐深。莲座状开放后花瓣渐渐合，形成蜂窝形花朵。花型少见，开花量多。清淡的柑橘茶香。把植株修剪成圆拱形，观赏价值会大大提高。

●品系 :S ●育出者：David Austin
●花直径：约 10 厘米●香味：中香
●花期：四季开花●株高：约 1.2 米

夏利法・阿诗玛 Sharifa Asma

柔粉色花杯状开放，四周的浅色花瓣向外张开，形成杯碟形。中间花瓣多，莲座状开放。四季开花，持久性好。强烈的水果香，芬芳宜人。开花后，从开过花的枝条中段修剪，可以保持株形不乱。

●品系 :S ●育出者：David Austin
●花直径：约 10 厘米●香味：浓香
●花期：四季开花●株高：约 1 米

适合花坛的

花坛里的玫瑰，和各种各样

关注和草花相配的英国

布莱斯·威特 L.D.Braith Waite

英国月季中最鲜艳的深红色花。发光的绿叶和红花相互辉映。花瓣数多，莲座状开放，3 ~ 5朵形成簇。建议作为花坛的观赏焦点。四季开花性好，可以一直开到晚秋。

●品系 :S ●育出者：David Austin
●花直径：约 10 厘米●香味：浓香
●花期：四季开花●株高：约 1.3 米

蓝色情感 Emotion Blue

淡紫色波浪形花瓣，随着开放渐变成紫罗兰色。5 ~ 6朵成簇开放。枝条较为稀疏，抗病性好，香味浓郁，在玫瑰香的基础上混合着香草芳香。

●品系 :S ●育出者：Delbard
●花直径：8 ~ 10 厘米
●香味：浓香
●花期：四季开花●株高：约 1.5 米

蓝色风暴 / 暗恋的心 Shinoburedo

独特的淡紫色，花瓣交叠处颜色更深。带有圆形的杯状花，4 ~ 5朵成簇开放，春季花朵几乎可以覆盖整个植株。株型为半直立型，形状紧凑。为了秋季的开放，夏季稍加修剪即可。

●品系 :FL ●育出者：京成玫瑰公司
●花直径：7 ~ 8 厘米●香味：中香
●花期：四季开花●株高：约 1.2 米

巴马修道院 Chartreuse de Parme

从玫瑰粉色渐变为紫罗兰色的大朵花。株形为半横向伸展，修剪后会很紧凑。四季开花性好，能够不断开花，容易栽培。强烈的水果香极具魅力。花名来自司汤达的同名小说。

●品系 :S ●育出者：Delbard
●花直径：10 ~ 12 厘米●香味：浓香
●花期：四季开花●株高：约 1.2 米

柏姬 Parky

形状优美的花蕾打开后，带有珍珠色的杏色花瓣渐变成白色、中大型花。松散的杯形花成簇开放。清新柔和的香气。长势旺盛，抗病性好，易于栽培。花名来自于英国著名主持人的爱称。

●品系 :S ●育出者：Harkness
●花直径：8 ~ 10 厘米●香味：中香
●花期：四季开花●株高：约 1.2 米

花园世家 Generation Jardins

鲜艳的玫瑰色圆形大花成簇开放。花瓣硬实，持久性强。花梗较长，适合做切花。花后将开花的枝条修剪到约 1/3 处，可以保持良好的株形。四季开花性好，抗病性好，强健，易于栽培。

●品系 :S ●育出者：Delbard
●花直径：8 ~ 10 厘米●香味：微香
●花期：四季开花●株高：约 1.8 米

玫瑰品种

的草花组合起来，乐趣十足。
月季和法国月季品种。

花坛优美造型的秘诀

玫瑰和大量草花一起种植，组成色彩缤纷的英国式花园。和宿根花卉、树木巧妙搭配，立体化栽培，展现出丰富多彩的画面。

选择这样的玫瑰！

- ●丛生月季
- ●灌木月季

充分留意和周边植物的共生

玫瑰与各式各样的草花和谐组合的美丽庭院，是人人都憧憬向往的世界。最近，和庭院草花更容易搭配的玫瑰品种越来越丰富，也更便于我们的花园配置。

品种选择

不久之前流行的杂交茶香玫瑰，每一株的个性过分强烈，很难和草花进行搭配。而最近受欢迎的英国月季和法国月季，个性不会过分鲜明，更容易和周围的植物融为一体。特别是英国月季里有许多都是以和草花组合栽植为前提来改良的，协调性可谓出类拔萃。

和花坛相配的玫瑰有丛生和灌木月季，其中特别推荐灌木月季。株形紧凑，容易造型，枝条又十分硬挺，可以不再需要碍眼的支撑物。

修　剪

之前普遍认为，玫瑰开花之后应该是修剪掉残花和其下第一片具 5 枚小叶的复叶。而实际上，在花园里应该修剪到枝条的中间，或者只留下 1/3 为宜。这样株形更有稳定性，也更易于和其他花卉的协调。

冬季的修剪最好一口气剪到较低位置，让整棵植株更加干净利落。但如果周围种植了太多草花，修剪过短会容易失误。因为春季草花生长速度快，很快就繁茂密集，挡住玫瑰的光照，也影响通风性。为了避免这样的结果发生，一要保持植物间的距离，二要在修剪时保留适当的高度。基本与膝盖齐平的高度来修剪，可以防止被其他草花覆盖，让玫瑰健康生长。

草花的生长速度比玫瑰要快，注意防止玫瑰被草花掩没，要选择合适的高度来修剪。

欣赏动态十足的株形

在较为宽阔的地方，将灌木月季配置在花坛的后方会有出众的观赏效果。生机勃勃的玫瑰舒展枝条、繁花盛开，描绘出一幅动人心弦的画面。

塔形花架 *Obelisk*

高明的配置创造
出起伏跌宕的效果

在立体造型时大显身手的是，
攀满植物的方尖碑般的塔形花架。
亭亭独立的姿态宛如花园的标志物，
给花园带来高雅精致的氛围。
认真考虑和周边的搭配，
在花园里引入塔形花架吧！

塔形花架
能提高花园的完美度

搭建在草坪空地上的塔形花架给予花园整体感和华美感。
细细考虑周边的色调巧妙加入这醒目的饰物。

近旁栽植的小花，表情个性十足

“玛丽·罗斯”的近旁栽种着虞美人。中规中矩的玫瑰花姿中间浮现出的小花别有风味。

整齐排列的白色玫瑰之塔调和出柔美的感觉

白桦树下栽植着玉簪、风知草（*Hakonechola macra*）、筋骨草（Ajuga）。中间的空间里排列着“普兰特夫人”（Mme Plantier）的塔形花架，典雅精美。

花色的渐变和波浪起伏的枝条引人入胜

入口处附近的塔形花架上牵引了番红花（Crocus）、“威廉·莫里斯”（William Morris）。花色的浓淡变化和枝条的纤柔可爱令人心旷神怡。

塔形花架和白色
玫瑰的优雅姿态令人赏心悦目

塔形花架的尖顶造型独特，低调的白色玫瑰和“帕特·奥斯汀”完美搭配，形成典雅优美的氛围。

和栅栏上的玫瑰互相缠绕，
浑然一体中展现出深邃的美感

栅栏旁边的塔形花架上牵引了“泡芙美人”和“德伯家的苔丝”（Tess of the d'Urbervilles），花色对比形成的变化经典绝妙。

栽种在地面的花卉增加了高度的变化

栽种在地面上的小花中间搭配了“露西塔”（Lucetta）和“奥诺琳·布拉邦”，营造出让视线上移的立体感。

塔形花架是一种华丽的素材

线条分明的花姿和三角花架非常协调

细长的三角花架上盛开着“粉花努塞特”。旁边栽种着同样是圆锥形的毛地黄，形成个性鲜明的一角。

在顶部加强吸引力，让整体紧凑别致

在上部空间装饰富有民族风格的小挂件，以免过于空落。和色彩艳丽的“玛丽·罗斯”融为一体，营造出高雅的造型。

深色玫瑰的脚下搭配浅色，柔化气氛

在大量小花盛开的“蓝漫”植株下部种植银叶菊，仿佛被鲜艳的紫色包围般，形成自然的印象。

适合塔形花架

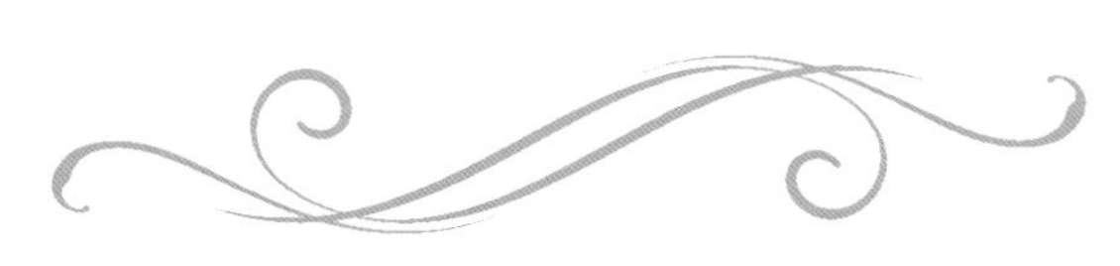

花架高度有所不同，要注意不宜选

适合小型花架，高 1.5~1.8 米，

蓝漫 Blue Rambler 大

鲜艳的紫红色花，花心部分是白色。花瓣上也有白色花纹。随着开放渐渐带有蓝色。20 朵左右的大型花球开放，仿佛覆盖整个植株。别名“紫罗兰漫蔷薇”来自德语紫罗兰色的意思。

●品系 :HMult ●育出者：J.C.Schmidt
●花直径：约 4 厘米●香味：淡香
●花期：一季开花●株高：约 3 米

桃心 / 桃子糖 Peche Bonbons 小

粉色镶边的淡黄色圆球形花蕾张开后，多层带有锯齿的花瓣组成深杯形花。淡黄色花瓣边缘带有柔粉色晕，非常独特。3 朵左右成簇开放。甜香浓郁，抗病性好，强健，容易栽培。

●品系 :S ●育出者 :Delbard
●花直径：约 10 厘米●香味：浓香
●花期：四季开花●株高：约 1.8 米

威廉 · 莫里斯 William Morris 大

规整的莲座状花，杏粉色，成簇开放。稍微低垂的姿态非常迷人。枝条顺软，易于卷绕在塔形花架上。抗病性好，强健易植。花名来自英国工艺美术家威廉 · 莫里斯。

●品系 :S ●育出者 :David Austin
●花直径：约 8 厘米●香味：浓香
●花期：四季开花●株高：约 2.5 米

杰奎琳 · 杜普蕾 Jacqueline du Pre 小

白色花瓣映衬红色雄蕊非常显眼，半重瓣花。5 朵左右成簇开放，香味甘美。开花性佳，持续开放到晚秋。花朵的持久性不太好。株形稍微横向发展。花名来自一位英国早夭的女大提琴家。

●品系：S ●育出者：Harkness
●花直径：约 7 厘米●香味：中香
●花期：四季开花●株高：约 1.8 米

黄金庆典 Golden Celebration 大

艳丽的金黄色大型花。茶香中带有水果香。枝条少刺，是易于造型和牵引的大型丛生月季。在春季第一茬花后施肥，可以让秋季开花更多。强健，在日照不足处也能生长。

●品系 :S ●育出者 :David Austin
●花直径：约 8 厘米●香味：浓香
●花期：四季开花●株高：约 2.5 米

村舍玫瑰 Cottage Rose 小

粉红色莲座状花让人想起古典玫瑰。分枝性好，整个植株持续不断地开满花朵。古典玫瑰和水果香型混合的芳香。适合向上牵引到塔形花架上。容易栽培，适合初学者。

●品系 :S ●育出者 :David Austin
●花直径：约 8 厘米●香味：浓香
●花期：四季开花●株高：约 1.5 米

的玫瑰品种

用过分大型，难以造型的品种。
适合大型花架，高 1.8~2.8 米。

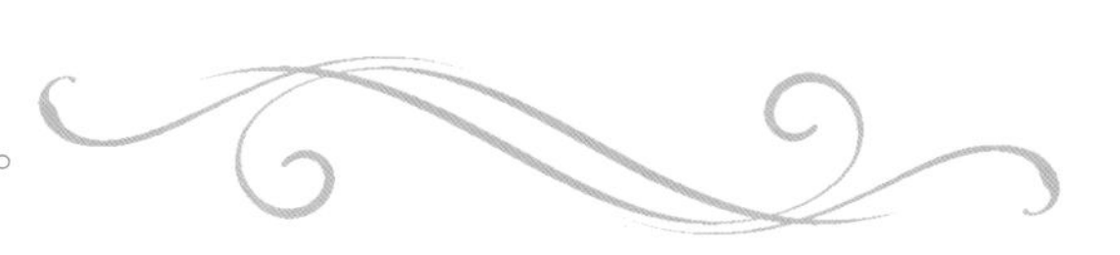

薰衣草之梦 Lavender Dream 小

粉色的半重瓣小型花，组成大型花球开放，枝条柔顺，横向伸展，容易造型。盛开时充满野蔷薇的芳香。长势旺盛，抗病性好，容易栽培。半阴处也能良好生长。

●品系 :S ●育出者 :Interplant
●花直径：约 3 厘米●香味：中香
●花期：四季开花●株高：约 2 米

美里 Chant Rose Misato 小

多层花瓣的粉色花，花瓣外侧色较深，向内慢慢变浅，渐变色调非常美丽。深杯形花，持久性好。株形苗条，沿着塔形花架向上牵引，修剪时按高度分层次修剪。有香草芳香，强健，易于栽培。

●品系 :S ●育出者 :Delbard
●花直径：约 10 厘米●香味：浓香
●花期：四季开花●株高：1.5~2.5 米

克莱尔・奥斯汀 Claire Austin 小

多重花瓣重叠的深杯形花，最初是奶油白色，随着开放更接近白色。茶香基调加上香草芳香。枝条柔软易于造型。分枝性好，花数很多，反复开花。抗病性好，强健，容易栽培。

●品系 :S ●育出者 : David Austin
●花直径：约 10 厘米●香味：浓香
●花期：四季开花●株高：约 1.8 米

无名的裘德 Jude The Obscure 小

外侧为米黄色、内侧为橙色的复杂多变的花色。圆球形大花 3 ~ 5 朵成簇开放。经常分出侧枝。沿着塔形花架随意缠绕枝条，可以形成自然的效果。白葡萄酒香型。

●品系 :S ●育出者 : David Austin
●花直径：约 10 厘米●香味：浓香
●花期：四季开花●株高：约 1.8 米

莫扎特 Mozart 小

鲜艳的粉色小花，花瓣底部是白色，单瓣，形成大型花团开放。横向伸展的柔软枝条，花朵在梢头开放，所以卷绕在塔形花架上会很美丽，格调华丽。如果不摘除残花，可以欣赏到果实。健壮，易于栽培。

●品系 :S ●育出者 :Interplant
●花直径：约 3 厘米●香味：中香
●花期：四季开花●株高：约 2 米

玛丽・德玛 Marie Dermar 小

纤细柔软的枝梢，从粉色的花蕾开放出淡淡的樱花色花朵。气温升高后，渐渐扫上粉红色。分枝性好，沿着塔形花架绑扎好后，可以大量开花，经常摘除掉残花可以开放到晚秋。

●品系 :OR ●育出者 :Rudolf Geschwind
●花直径：约 6 厘米●香味：中香
●花期：四季开花●株高：约 1.5 米

塔形花架优美造型的秘诀

在玫瑰花园里，塔形花架是几乎不可缺少的配件。覆盖满玫瑰花朵的塔形花架，让花园的气氛浪漫优美，也给花园以立体的表现力。

选择这样的玫瑰！

- 灌木月季
- 丛生月季中枝条柔软的品种

通过造型改变枝条的伸展方式

塔形花架在花坛中搭配效果非常显著。尺寸有各种大小，较为宽阔的花园可以选用 2.5 米左右的高度，一般家庭则使用 1.8 米左右的即可。在花盆栽培时根据花盆大小来决定，一般 1.3 米的花架较为易于操作，同时还可以当作支柱使用。

品种选择

很多人都会认为塔形花架适合藤本月季，实际上藤本月季过大，藤条太长而无法应对。当然，塔形花架自身有各种尺寸，应该综合考虑玫瑰的生长高度来选择品种。一般家庭里使用的塔形花架，建议选择半藤本性的灌木月季或是枝条柔顺的丛生月季。

这样的玫瑰可采用两种方法来牵引，一种是将藤条卷绕到塔形花架上，另一种是不卷绕直接牵引的方法。

将藤条卷绕在塔形花架上，适合枝条柔软的丛生月季。注意不要偏倚，均衡地将枝条缠绕在整座塔形花架上，这样才能让开花时没有遗漏，均匀开花。另外，不卷绕的方法适宜较大型、柔韧的丛生月季和较低的花架。首先将伸出的枝条舒展开来，不要互相交错，好像依附在塔形花架上一样牵引上去。

造　型

根据大小不同，可以同时种植 2~3 株玫瑰。只种 1 株的时候，应该种植在塔形花架的中间；种植数株时，株间间隔应保持约 50 厘米，从塔形花架的外侧开始种植。如果品种本身很大，种植数株会难于管理，造型也会失衡，要根据品种本身的尺寸考虑种植的数量。

牵引的要点是，卷绕牵引的时候要尽量将枝条横放牵引。如果竖向放置，将来可能只在顶部开花。此点应该特别注意。

修　剪

为了让塔形花架从下部到顶部，均匀、繁多地开花，和拱门的修剪一样，可以分成不同高度，分层次来修剪。

让塔形花架和花园浑然一体

要更加自然地让塔形花架和花园融为一体，不要将枝条死死地绑在花架上。而是稍微轻松自然留下少许余地来牵引。

不卷绕，只牵引的方法。像使用支柱一样使用塔形花架。

卷绕方法。卷绕整个塔形花架，造型华丽。

花盆 *Container*

小巧精致
充满趣味的世界

轻便灵巧、容易移动的花盆，
仿佛就是花园装饰物，
可以随心所欲地摆置。
配合花的品种选择，
花盆的形状和素材，
加上楼梯和椅子制造高低变化，
活用四周的物品来巧妙搭配吧！

在容易观赏的位置配置玫瑰，
表现夏日的下午茶美景

左 / 朴素的木地板铺设的露台非常适合艳丽的“大厨”（Guy Savoy）和娴雅的“蜜桃公主”（Peach Princess）。纵高型花盆和花台让花朵的角度更适于观赏。

情趣迥异的大小花盆并列
为空间制造出深度

右 / 红陶盆搭配同色系的“泰迪熊”（Teddy Bear）以及白色的椅子和角堇花盆。高低感和色调都参差不齐，从而形成悠远的纵深感。

小径旁边配设富有存在感的花盆

花园中间空闲的地方放置了优雅的盆栽“亚伯拉罕·达比”（Abraham Dabby）。古典的花姿造就优美庄严的气氛。

花盆
宛如艺术作品，会增添情趣

在独立的容器里种植，如何搭配组合就格外值得关注。
小型品种适合纤美的形状……通过细心考虑来表现出美妙的世界观。

变化造型精选款式

简洁的花盆放入铁丝网篮中，妙趣横生

香气浓郁的“甜蜜马车”（Sweet Chariot）枝条下垂开放。花盆放入铁丝网篮，和铁制的椅子相得益彰。

独特的造型恰好般配典雅的白玫瑰

花篮形状的红陶盆搭配楚楚动人的“绿冰”（Green Ice），放在清爽的空间里个性十足。

使用水壶和油纸等灵活运用生活中的小道具

小花盆放在桌上表现出高低感。用油纸包裹“杰夫·汉密尔顿”的花盆搭配水壶，表现出主人的心思。

甜美可爱的白玫瑰和花盆的对比引人注目

为了体现出“安娜·玛丽”（Anna Marie de Montravel）轻盈蓬松的魅力，植株和花盆的均衡性很重要。细长花盆和花株高度的8 ∶ 2比例可谓黄金分割。

废旧的容器因鲜艳的
黄色花朵而焕发新生

木花盆里栽种着鲜艳的黄色“帕特·奥斯汀”，个性鲜明的两者融为一体，别有风味。

缤纷热闹的花朵
放置在小推车上，童趣盎然

可爱的“泰迪熊”（Teddy Bear）和盛开着宿根老鹳草的花盆放入小推车里，活跃甜美，生机勃勃。

艾玛·汉密尔顿女士 Lady Emma Hamilton

红色的花蕾开放后是杏橙色杯形花。花瓣背面带有黄色调。从春季到秋季反复开花，和稍暗的铜红色叶片非常搭配。株型是灌木型，紧凑，容易造型。有强烈的水果香。

●品系 :S ●育出者 :David Austin
●花直径：约 8 厘米●香味：浓香
●花期：四季开花●株高：约 1 米

新娘 La mariee

春季为樱花粉色，秋季花色变换成更成熟的丁香紫。多层重叠的花瓣边缘锯齿形起伏，高雅甜美。枝条不会横向伸展，所以狭窄的地方也适宜。花朵持久性好，可以欣赏切花。爽朗的清香型。

●品系 :S ●育出者 : 河本玫瑰园
●花直径：8 厘米●香味：浓香
●花期：四季开花●株高：1 米

伊丽莎白修女 Sister Elizabeth

稍显凌乱的莲座状花颇具古典玫瑰的气氛。丁香粉的花色，中央花心内卷形成“牡丹花眼”。细细的枝条坚硬、横向伸展，细枝上也能开花。甜美刺激的古典玫瑰香。

●品系 :S ●育出者 :David Austin
●花直径：6 ~ 7 厘米●香味：中香
●花期：四季开花●株高：约 0.8 米

小豆豆 Totto-chan

玫瑰粉的花蕾绽开后，花色艳丽，深杯形开放。长长的花梗上聚集数朵花，纤细的线条优美动人。花朵持久性好，浓厚的古典玫瑰香极具魅力。花名来自儿童文学作品《窗旁的小豆豆》，此品种销售金额的一部分捐给以“桃桃”命名的社会福利基金会。

●品系 :S ●育出者 : 河本玫瑰园
●花直径：8 ~ 10 厘米●香味：浓香
●花期：四季开花●株高：约 1 米

你的眼睛 / 万众瞩目 Eyes For You

淡丁香紫色的花瓣中央，具有紫红色眼状斑，极富特征性。紫色眼斑部分随着开放变成灰紫色，饶有趣味。由“媚蓝”（Blue For You）和波斯蔷薇品种杂交而成。长势旺盛，抗病性好，容易栽培。

●品系 :FL ●育出者 :Warner’s 公司
●花直径：约 7 厘米●香味：中香
●花期：四季开花●株高：约 1.4 米

布莱斯之魂 Blythe Spirit

具有透明感的奶黄色花朵，从杯形开放渐变成平形开放。7 朵左右成簇，气味清爽、芳香。棘刺很少的枝条细软、容易管理。枝条呈喷泉状散开，形成优美的圆拱。耐半阴，具有良好的抗病性。

●品系 :S ●育出者 :David Austin
●花直径：约 7 厘米●香味：中香
●花期：四季开花 ●株高：约 1 米

适合花盆的

株形直立，独有风味的玫

但以株高 1.5 米以内的低矮品种为

麦金塔
Charles Rennie Mackintosh

丁香粉色杯形开放，根据气温花色会发生变化。进入秋季后的薰衣草色的花色非常美丽。细而硬的枝条分枝性良好，细枝梢头也会开花。株形较小容易造型。古典玫瑰香。

●品系 :S ●育出者 :David Austin
●花直径：约 7 厘米●香味：中香
●花期：四季开花●株高：约 1 米

魂之香水
Fragrance of Fragrances

樱花般的淡粉色，有时会带有淡灰的墨黑色。花色典雅，大朵深杯形开放。开花性好，株形紧凑。浓郁的花果香型。注意多施肥料。也适合切花。

●品系 :HT ●育出者 : 河本玫瑰园
●花直径: 约 8 厘米●香味: 浓香
●花期: 四季开花●株高: 约 1 米

杏色花边 Bordure Abricot

艳丽夺目的杏粉色，中型杯状花，花瓣边缘梢带波浪形。随着开放，变成平盘形，色彩也变淡。根据季节花色会有微妙变化。株形较小，抗病性好，几乎不需要照顾。从春季到秋季持续开满枝头。强健，容易栽培。

●品系 :S ●育出者 :Delbard
●花直径：约 6 厘米●香味：浓香
●花期：四季开花●株高：约 0.8 米

葡萄冰山 Burgundy Iceberg

名花“冰山”的芽变品种。深厚的葡萄酒红色给人以成熟的魅力。开放之后露出紫红色的雄蕊。刺少容易管理。和“冰山”一样，开花性极好，强健，易于栽培。可以推荐给初学者。

●品系 :FL
●育出者 :Edgar Norman Swane
●花直径：约 8 厘米●香味：中香
●花期：四季开花●株高：约 1 米

威尔士王妃 Princess of Wales

白色的花朵成簇开放，花心处重叠的地方是淡粉色。花瓣轻柔雅致，给人高贵的感觉。深绿色叶片，耐白粉病，生长旺盛，强健。株形紧凑，容易造型。是献给已故戴安娜王妃的品种。

●品系 :FL ●育出者 :Harkness
●花直径: 约 8 厘米●香味: 中香
●花期: 四季开花●株高: 约 0.6 米

亨利・马蒂斯 Henry Matisse

深深的玫瑰粉中夹杂着奶油色条纹，半重瓣到重瓣花。给人优雅华丽的印象。开花性好，强健易于栽培。株型是繁茂的直立型。柔和的木莓清香。花名来自法国野兽派画家马蒂斯。

●品系 :S ●育出者 :Delbard
●花直径: 约 10 厘米●香味: 中香
●花期:四季开花●株高: 约 1.2 米

玫瑰品种

瑰，各种品系都可以盆栽，
宜。注意选择稳定性好的品种。

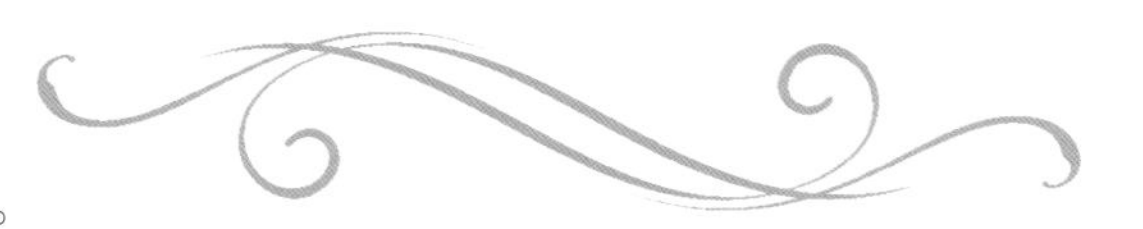

花盆优美造型的秘诀

大胆使用花盆栽种玫瑰，可以作为花园的亮点，也是提高花园整体魅力的好方法。宛如装点引人注目的装饰品栽培出美丽的盆栽玫瑰吧。

选择这样的玫瑰！

- 比较紧凑的灌木月季
- 横向伸展的丛生月季

植株紧凑，显得花量十分饱满

通过合理的造型，可以让盆栽玫瑰开放繁茂的花朵。盆栽玫瑰，对株形要求很高，造型的目的是为了让植株紧密同时能够欣赏到大量开花。

品种选择

任何形式的玫瑰都可以在花盆里栽种，但是初学者最好使用株高在 1.5 米以内的小型玫瑰。特别是生长茂盛、横向伸展的品种，稳定性较好，容易取得平衡。

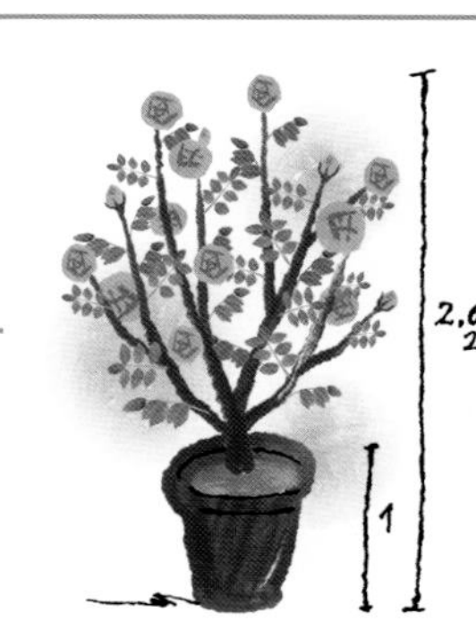

小巧的植株花团锦簇，枝条都被花朵压弯。

造　型

花盆宜于选用 8~10 号（直径 24~30 厘米）的深型花盆，这样根系可以充分生长，看起来也苗条秀美，更有协调感。选择了适宜玫瑰生长的花盆，会长势茁壮，外形美观。

花盆栽培时为了保证整体的协调，调节株高也是一个秘诀。植株的高度一般在花盆高度的 2~2.5 倍时，这时观赏性最佳。如果植物超过这个高度，就会感到头重脚轻，失去美感。这点特别需要引起注意。在冬季时，通过修剪来控制高度和枝条的数量。

修　剪

修剪时要掌握的要点是“花数 = 枝数”，也就是说，如果希望植物大量的开花，就需要确保植物开花的枝条。在此之前我们常听说，“修剪尽量剪较低的位置，修剪铅笔粗细枝条”，这是针对杂交茶香玫瑰的修剪方法。而近年来的花园玫瑰，很多品种细枝条也可以开花，所以应该尽量留下更多的枝条，以增加花朵数量。

能够较好开花的枝条粗细，根据品种有所不同，所以很难一概而论。到底多粗的枝条可以开花，应该仔细观察自家的玫瑰，来推测要留下的枝条。

开始种植时的修剪非常重要

买来的大苗，枝条长度通常是 30 厘米左右，需要在种植时认真修整。在嫁接的接口处向上 10~20 厘米、饱满的叶芽上方修剪，可以形成姿态稳定，协调美观的植株。

小株也能大量开花。开花后修剪时大约留下枝条长度的 1/3。

“帕特・奥斯汀”细枝也能开花，修剪时尽量留下枝条。

Part2

通过和玫瑰搭配

让花园面目一新

单独种植玫瑰，表现方式也会很单一。

如果和各种各样的草花混合种植，花园的表情会变得丰富多彩。

在这里，以柔美可爱、豪华艳丽、自然情调、素雅别致 4 个主题分别介绍玫瑰和草花的搭配方法。根据喜好的风格，独特的世界观，打造属于自己的花园。

Pretty

巧妙表现柔美可爱的搭配技法

仿佛被带入梦中世界一样，充满甜美气氛的可爱花园。娇嫩的枝叶，朦胧的花色，巧妙地运用惹人喜爱的草花。

打造柔美可爱型花园的要点

- 选择花小，数量众多，能够持续不断开花的草花。
- 淡粉色类或珍珠色系，制造出柔美的色调组合。
- 枝条纤细，叶片也不宜太大，通过优美的线条制造氛围。

艳丽夺目的黄色和粉红色的小花里浓缩了主人的世界观

鲜艳的粉红色和黄色组合成生气勃勃，亲和可人的印象。淡紫色的荆芥和绵毛水苏增添了宁静安详的气氛。

以蓝色作为补色，凸显出轻柔的姿态

在直立型的玫瑰下方，种上老鹳草。老鹳草在玫瑰植株约 1/3 的高度开花。鲜艳的蓝色，把淡粉色的甜美意境烘托得韵味十足。

粉[illegible]完全覆盖的童话般的世界

在稍事休憩的椅子旁边制造出别具一格的风景。粉色的玫瑰配上玛格利特菊、蝇子草以及对比色的蓝色香车叶草，甜美可爱。

婀娜多姿的粉色玫瑰下部配以叶形独特的草花

低垂开放的粉色玫瑰姿态柔美，搭配无数细小花朵的斗篷草，相互映衬，轻柔动人。

令人屏息伫立，赞叹不已的纤细花朵和枝叶

花瓣颜色微妙渐变的玫瑰和枝叶柔美的铁线莲十分契合。

树木旁边搭配得色彩缤纷，形成了浪漫的花园

橄榄树和枫树近旁种植上大型玫瑰、法国薰衣草、猫薄荷，狭小的空间立刻变身为精美的花园。

东方罂粟 *Papaver orientale*

柔软的花瓣在微风中摇曳生姿，轻盈可爱。花朵大，不仅给人柔美感，还可以营造出华丽的印象。花色丰富，可以欣赏到多样的色彩组合。株高较高，适合种在花坛的中央或者稍后的位置。抗病性好，但不耐热，适合于较寒冷的地区。

●罂粟科 / 宿根花卉
●花色：白色，淡红色，深红色，橙色
●花期：4 ~ 5 月份 ●株高：60 ~ 80 厘米

铁线莲早花大花重瓣组
Clematis Patens Group

早开的重瓣大花铁线莲，有着丰富的花型和颜色，花期集中在春末夏初，夏秋陆续有花。在春季，和玫瑰一起缠绕在拱门上，可以制造出奢华的效果。在花园里的存在感出类拔萃，很适于搭配。花朵持久性好，可以长时间观赏。

●毛茛科 / 藤本花卉
●花色：白色，蓝色，粉红色，紫色
●花期：4 ~ 10 月份
●株高：约 1.2 米

Pretty
柔美可爱的草花

柔美可爱的氛围，适宜选择娇小玲珑的花朵，颜色宜选择清爽的淡色系列。这些花草姿态轻盈窈窕，富于纤弱的线条美，这种组合，浪漫迷人，娇美可爱。

耧斗菜 *Aquilegia*

有花瓣和花萼颜色不同的双色单瓣花、重瓣花等，品种丰富。花形华丽，极富魅力。花色也很多，可以通过色彩组合来突出变化。在半阴处也可很好生长，适合在玫瑰的下部栽培。不耐高温，多湿环境，宜种植在通风好的地方。需要不断地及时摘掉残花。

●毛茛科 / 多年生花卉
●花色：紫色，粉红色，白色
●花期：5~6 月份
●株高：50~100 厘米

法色草 *Phacelia tanacetifolia*

茎部直立，蜷缩弯卷的花序上开放大量的淡紫色铃形小花。羽毛状分裂的叶片和独特的花形引人注目。色调柔和，和玫瑰搭配起来很合适。耐干旱，强健，容易栽培。直根性不耐移植，适宜秋季播种繁殖。

●紫草科 / 一年生花卉●花色：淡紫色
●花期：5 ~ 8 月份●株高：60~90 厘米

毛蕊花 *Verbascum*

在长长伸展的茎上开花。叶片为莲座状，湿度高时容易生病，所以最好种植在通风良好的地方。耐寒性强。与其把不同花色混合种植，不如将同色系，集中种植，更增强自然感，建议种于花坛后方。

●玄参科 / 二年生花卉
●花色：紫色，粉红色，白色
●花期：5~6 月份
●株高：50~100 厘米

斗篷草 *Alchemilla mollis*

黄绿色细致的小花明亮艳丽，具有柔毛的叶片繁盛茂密。能够营造出梦幻般的氛围，让花园整体印象更加柔和。种植在牵引到围墙上的玫瑰脚下，增添华美的风情。用于覆盖地面也很有效果。

●蔷薇科 / 宿根花卉
●花色：绿色
●花期：5~6 月份
●株高：15~40 厘米

猫薄荷 *Nepeta mussinii*

初夏时分，众多可爱的小花呈穗状开放。花朵细小，在一起开花能突出花朵分量感，装饰效果明显。从春季到初夏持续不断地开花，让花园显得热闹非凡。散落的种子可以自播，尽早修剪后可以欣赏到再次开花。强健，容易栽培。

●唇形科 / 宿根花卉
●花色：白色，粉红色，紫色
●花期:4 ~ 8 月份●株高:30 ~ 60 厘米

德国鸢尾 *Iris germanica*

具有分量感的花朵，有粉色、淡蓝、紫色等多种色彩。微妙的色彩渐变非常美观。修长而泛着银光的叶片可以成为花园的焦点。与其单株种植，不如集中栽种效果突出。不耐多湿，应选择排水良好的地方种植。

●鸢尾科 / 球根花卉
●花色：白色，黄色，蓝色
●花期:4~5 月份●株高:40~50 厘米

宿根柳穿鱼 *Linaria purpurea*

株高较高，小花穗状开放，形成纤柔的气氛。株形纤细，适合群植以体现出数量感。色彩非常柔和，数种颜色混合栽培也非常可爱。可以体味到英国式花园的自然风味。不耐闷热，为了通风应该保留一定株间距离。

●玄参科 / 宿根花卉
●花色：白色，粉红色，紫色
●花期：5~6 月份●株高：50~80 厘米

老鹳草 *Geranium*

无论哪种颜色的小花都显得甜美可爱。株高不高，能繁茂地横向展开。需要避免日晒，适合拱门下部和玫瑰脚下。建议在搭配时充分发挥其野生花草般的自然情趣。

●牻牛儿苗科 / 宿根花卉
●花色：蓝色，白色，粉红色
●花期：5 ~ 9 月份
●株高：30 ~ 40 厘米

铁线莲意大利组 *Clematis* Viticella Group

4 厘米左右的小朵花微向下开放。开花时全株开满，花期很长，深具魅力。和玫瑰一起缠绕在围墙和拱门上，更显亮丽高雅。在玫瑰花数较少的季节也可以开花。耐寒性耐热性都很好，强健，容易栽培。

●毛茛科 / 藤本花卉
●花色：粉红色，蓝色，紫色
●花期：5 ~ 10 月份●株高：约 1.8 米

宿根亚麻 *Linum perenne*

色彩柔和的小花，叶和茎纤长苗条，群植之后更可以凸显出花色。不耐暑热、多湿，应该种植在排水通风良好的地方。和玫瑰搭配可以营造出自然美。

●牻牛儿苗科 / 宿根花卉
●花色：蓝紫色，白色
●花期：5 ~ 6 月份
●株高：50 ~ 70 厘米

轻柔蓬松的花丛中，高挑的植物成为亮点

杏色的玫瑰和同色系的毛地黄非常搭配，在纯白清秀的奥莱芹（Orlaya grandiflora）中高挑矗立，既有柔和的协调感，又有扣人心弦的魄力。

鲜艳夺目的红色和细长的花形营造出热带风情

黄色的花心和浓烈色调的花瓣，这样的玫瑰和花姿独具一格的毛地黄十分相称。鲜艳的红色和粉红色对比也增添了南国的味道。

热情洋溢的色彩和高度突显出华贵感

鲜红色的玫瑰和高挑的毛地黄搭配，更显豪华绚丽。种植了叶片肥大的夏枯草，让区域感得到增强。

Flourish

突出体现豪华艳丽感的搭配技法

以心爱的玫瑰作为主角的空间，更应该大胆的释放出美感。
和各种赏心悦目的草花放手自由搭配，体验属于自我的独特陈设。

互相映衬的花色给人鲜明印象

上左 / 红色的玫瑰和蓝色的飞燕草、黄色的独尾草（*Eremurus*）大胆搭配。在充盈饱满的绿色中，色彩缤纷的花朵营造出印象深刻的一角。

暖色系的小花，甜美娇艳

上右 / 红色的“猩红轨道”（Scarlet Ovation）和粉色的“亚伯拉罕·达比”、“芭蕾舞女”，加上橙黄色的金鱼草，景色甜美又热闹。

中央配置浅淡色彩，表现出异国情调

花色浓艳的铁线莲“鲁佩尔博士”（Dr. Ruppel）和深粉色玫瑰花丛中，摆放着盛开的浅色草花盆栽。让园中小路色彩缤纷，明媚动人。

降低甜美感，突出个性，鲜艳的小花星星点点

浪漫的大花朵玫瑰丛中点缀着深红色的铁线莲，既有柔和的表情，又强调出玫瑰的个性。

打造华美花园的要点

- 选择花朵大而美观，吸引眼球的草花。
- 适宜身材高挑，能成为目光焦点的草花。
- 挑选深粉色等色彩浓郁深厚，明朗艳丽的花朵。

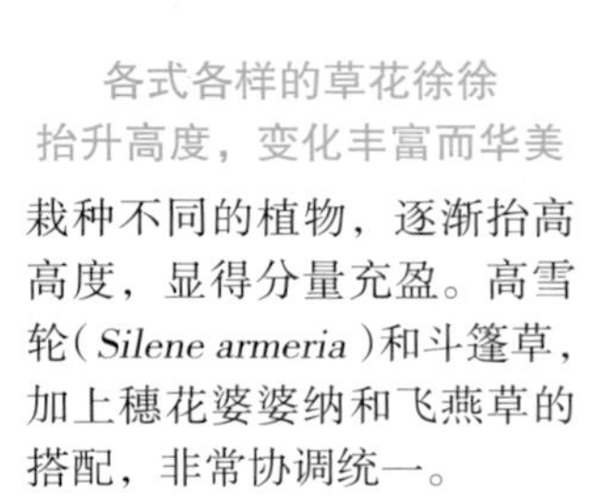

各式各样的草花徐徐抬升高度，变化丰富而华美

栽种不同的植物，逐渐抬高高度，显得分量充盈。高雪轮（*Silene armeria*）和斗篷草，加上穗花婆婆纳和飞燕草的搭配，非常协调统一。

羽扇豆 *Lupinus*

大量的花朵高穗状开放，花色丰富。简洁明快的线条非常美观。株高较高，可以成为庭园的亮点，群植会更增添存在感。不耐高温多湿，适宜栽种在通风良好，没有日晒的地方。在花谢之前剪除残花，可以再度开花。

●豆科 / 二年生花卉
●花色：红色，粉红色，紫色
●花期：4 ~ 6 月份●株高：30 ~ 100 厘米

铁线莲早开大花系
Clematis Patens Group

花期较早，超过 10 厘米的大型花。花色丰富，在春季一齐绽放的花朵和玫瑰互相缠绕，极有观赏价值。可以在拱门旁的围栏上攀缘或是牵引到塔形花架上，也可种植在玫瑰后方制造纵深，让花园更具立体感。

●毛茛科 / 藤本花卉
●花色：白色，蓝色，粉红色，紫色
●花期：4 ~ 10 月份●株高：约 1.2 米

Flourish

衬托出豪华艳丽感的草花

因为花形和花色不同，带给花园的印象也会迥异。想展示艳丽夺目的场景，应该组合大朵的，给人印象深刻的花朵。花色也适宜鲜明的色调，才能演绎出强烈的个性。

风铃草 *Campanula*

铃铛形花朵呈穗状开放，单朵花期虽不长，但不断开花，持续性强。花量大，混色集中种植后，给庭园增添许多华丽色彩。也可选择单色矮生品种栽种于花坛边缘，营造出高雅的气氛。

●桔梗科 / 宿根花卉
●花色：紫色，粉红色，白色
●花期：5 ~ 6 月份●株高：15 ~ 100 厘米

芍药 *Paeonia* spp.

花色和花形非常丰富，有千重瓣的花瓣，边缘呈锯齿状的品种，开放时分量感十足，极具观赏价值。植株会长得较高，和颜色不同的玫瑰相配可以形成豪华的印象。适宜点缀显得空落的玫瑰花下部。

●芍药科 / 宿根花卉
●花色：白色，粉红色
●花期：4 ~ 5 月份●株高：70~100 厘米

毛地黄 *Digitalis purpurea*

修长的花茎上开满穗状花，吊钟形的花朵内侧散布着深色斑点。花色众多，易于搭配。高挑而个性张扬的花形，即使在华丽的玫瑰花园中也毫不逊色。和玫瑰组合能形成立体的效果，造就富有节奏美感的庭院。

●玄参科 / 二年生花卉
●花色：白色，蓝色，黄色，粉色
●花期：6 ~ 7 月份
●株高：50 ~ 100 厘米

花葱 *Allium*

细小花朵密集成大型球状花序。不同品种花朵的大小不同，较大的花球直径可以达到 10 ~ 13 厘米。在花坛后方成排种植非常引人注目。和小花玫瑰相配，花朵大小的对比可以产生独具一格的效果。喜好日照，强健，易于栽培。

●百合科 / 球根●花色：紫色
●花期：4 ~ 6 月份
●株高：25 ~ 100 厘米

南非牛舌草 *Anchusa capensis*

蓝色的星形小花成簇开放，竞相开放的姿态纤柔而不失华美。花朵的持续开放，会将花园装点得艳丽多彩。建议作为玫瑰花园的补色利用。喜好日照良好的地方，不耐暑热，宜栽培在通风良好，能遮挡酷日的玫瑰下。

●紫草科 / 二年生花卉●花色：蓝色
●花期：4 ~ 7 月份
●株高：15 ~ 50 厘米

粉叶复叶槭 *Acer negundo*

叶色带有粉红，叶形非常美观的欧洲槭树。叶片到了夏季会渐渐发白，变成绿色。秋季可以欣赏到红叶。柔美的叶色和较深色系的玫瑰搭配非常美观。5 ~ 6 月份时，修剪后可以再度发出美丽的新芽。在半阴处也可以生长。

●槭树科 / 落叶乔木●花色：绿色
●花期：4 ~ 10 月份
●株高：2 ~ 6 米

大戟 *Euphorbia*

形状独特的花朵小巧可爱。叶色的种类非常多，繁盛茂密，和玫瑰可以实现各种组合。株形较大，需留出足够的生长空间。喜日照，通风透气的环境。栽培中注意保持干燥。

●大戟科 / 宿根花卉
●花色：绿色
●花期：4 ~ 7 月份
●株高：1 ~ 3 米

喇叭兰 *Watsonia* spp.

花姿接近唐菖蒲类，细长的茎秆上纵向开放大量喇叭形花朵。花形简洁清爽，给人甜美印象。株形亭亭玉立，窈窕秀美，在花园里非常引人注目。初学者适合在秋季选择强健、易成活的球根来种植。

●鸢尾科 / 球根
●花色：粉红色，白色，红色
●花期：5 ~ 6 月份
●株高：30 ~ 100 厘米

山梅花“星女郎”
Philadephus x lemoinei ‘Belle Etoile’

直径约 5 厘米的花朵，单瓣开放，中心部分有红色斑块。散发出浓烈甘甜的芳香。种植在玫瑰背后，可以营造出优雅的气氛。建议不要过分规整树形，以欣赏到自然的姿态。

●虎耳草科 / 落叶灌木●花色：白色
●花期：5 ~ 6 月份
●株高：60 ~ 100 厘米

飞燕草 *Delphinium*

长长的茎秆上花朵穗状开放，种类有很多，既有一枝上花量众多的品种，也有放射状散开的品种。可以根据花园的整体印象组合欣赏。数株集中栽培可以表现出华美的感觉。不耐夏日暑热，在温暖地区宜做一年生栽培。

●毛茛科 / 宿根花卉
●花色:白色,蓝色,黄色,粉红色,紫色
●花期：4 ~ 7 月份●株高：1 ~ 2 米

大朵的白色玫瑰搭配
富有存在感的绿叶

高高在上的玫瑰容易显得脚下空空落落。把高雅的白玫瑰和简洁的风知草组合起来，典雅的姿态和四周完美协调。

Natural

缔造自然情调的搭配技法

植物本身给人的开放感和轻松感是无可替代的。为了更好地体会到植物自然的形态，可以参照自然界里茂密的草地来营造风景。

个头较高的玫瑰脚下，
覆盖绿草以取得平衡

直立型玫瑰的四周种植着同色系的萱草，和枝条喷泉般下垂的风知草搭配得动感十足。高度和量感的比例非常绝妙。

不同的植物都选用保守
低调的色系，连续来看富于整体感

深色的玫瑰前面种植繁茂的林荫鼠尾草（*Salvia nemorosa*）和老鹳草。低调的色彩产生出自然的统一感。

蓬松轻柔的玫瑰，脚下的草叶随风起伏

轻盈的“芭蕾舞女”脚下种植着飞蓬、玉簪和美女樱，随风摇曳的姿态令人立刻心绪平静。

高矮一致的花朵，形成原野般的印象

左 / 突出了高度感的塔形花架四周，大量种植了浅色的虞美人和蓝色的矢车菊。形成原生草地般的风景。

野趣盎然的玫瑰花下，盛开着蓬勃的草花

右 / 强健旺盛的玫瑰下方，是枝叶形态独特的树莓。和繁茂的玫瑰相互映衬，给人以野生的美感。

打造华美花园的要点

- 适合随风摇曳，线条纤细的植物。
- 枝条数多，具有繁盛茂密感的植物可以显现出自然的氛围。
- 花朵不大，但覆盖整个植株后能够演绎出饱满的分量感。

玫瑰脚下小花朵朵盛开，增添了温柔的表情

下左 / 红色和粉色的玫瑰装点着花园小径，旁边是花朵细小可爱的白晶菊（Leucanthemum paludosum），搭配以色彩艳丽的玫瑰，更显得轻盈柔软。

吸引眼球的华丽玫瑰配以纤柔的小花和绿色背景融为一体

下右 / 仪态高贵的大朵玫瑰根据搭配方式，给人的印象也完全不同。纯白的铁线莲和蕾丝花给人以柔美的印象。

金银花 *Lonicera*

鲜艳的筒形花，10朵左右在枝头聚集开放。香气甜美，开放时热闹非凡。喜好日照，和玫瑰一起攀缘在棚架上，十分华美绚丽。筒状的花形和深杯形、莲座形的玫瑰搭配起来，显得分外好看。抗病性好，强健，易于栽培。

●忍冬科 / 藤本花卉●花色：黄色，粉色
●花期：6 ~ 8月份●株高：3 ~ 5米

薰衣草 *Lavandula*

香气浓郁的茎秆梢头，细密的小花呈穗状开放。枝叶繁茂，最适宜栽种于玫瑰脚下。和杏黄色玫瑰搭配可以营造出高雅的自然气氛。不耐高温多湿，宜种植在排水良好，通风透气的场所。在夏日到来之前轻度修剪。

●唇形科 / 宿根花卉●花色：紫色,白色
●花期：4 ~ 8月份
●株高：20 ~ 50厘米

Natural

体现自然情趣的草花

仿佛从散落的种子繁育出的花园，不规整中带着自然的表情，纤柔可爱的草花，在轻风中飘摇起伏。通过和玫瑰的组合平添了繁华热闹的气氛。

矢车菊 *Centaurea cyanus*

代表性的花色是鲜艳的蓝色，花瓣呈锯齿形。种子可以自播繁殖，形成自然清新的氛围。花茎上密布的白色绵毛和花朵的对比常引人注目，很适合作为庭院的亮点。需要种植在通风良好、干燥的环境中。

●菊科 / 一年生花卉●花色：蓝色，粉色
●花期：4 ~ 6月份●株高：30 ~ 100厘米

毛剪秋罗 *Lychnis coronaria*

覆盖着毛白色绒毛的银叶，成为整个空间的亮点。花蕾众多，枝条茂密，在夏日开花不断。喜好日照和通风良好的场所。要尽早摘除残花。此花给人以朴素、自然、富有亲和力的印象。

●石竹科 / 宿根花卉
●花色：深桃红色，白色，淡粉色
●花期：5 ~ 8月份
●株高：30 ~ 80厘米

麦仙翁 *Agrostemma githago*

花瓣边缘卷曲，非常可爱。种子自播繁殖，强健易于管理，可以持续不断地开花。适宜种植在玫瑰脚下作为覆盖物。茎秆纤细容易倒伏，需要围绕支撑。时常摘除残花可以保持长期的观赏效果，注意不要施肥过多。

●石竹科 / 一年生花卉
●花色：粉红色，白色
●花期:4~5 月份●株高:60~100 厘米

林荫鼠尾草 *Salvia nemorosa*

清爽的蓝色小花，密集开放在长花穗上。花期很长，将早期开放的花枝剪掉，可以从春季到秋季一直赏花。种植于玫瑰下可以很好覆盖地表。也推荐种植于花坛内。耐热性稍差，耐寒性好，容易栽培。

●唇形科 / 宿根花卉●花色：蓝色
●花期：5 ~ 10 月份
●株高：40 ~ 60 厘米

墨西哥飞蓬 *Erigeron*

白色会渐变成粉红色，随着开放，可欣赏到两种颜色的花朵。生命力强，甚至能从砖缝中生长开花。种子自播，大量繁殖，是很好的地被材料，种植在玫瑰脚下可覆盖大片地面。在夏日到来之前修剪以利通风。

●菊科 / 宿根花卉●花色:白色,粉色
●花期：4 ~ 9 月份
●株高：15 ~ 30 厘米

德国洋甘菊 *Matricaria recutita*

白色花瓣和嫩黄色花心的对比非常动人。散落的种子可以自然繁殖，花朵具有甘美的苹果芳香。可以与玫瑰一同种植，因为在玫瑰周围，蚜虫会集中到洋甘菊上，减少玫瑰的受害。

●菊科 / 一年生花卉
●花色：白色
●花期：4 ~ 7 月份
●株高：15 ~ 30 厘米

虞美人 *Papaver*

花蕾向下低垂，之后如同薄纸般娇嫩的花瓣抬起向上开放。有单瓣花和重瓣花，黄色和橙色等亮色系，装点得初夏的花坛光彩照人。混合数种颜色栽培也很迷人。不耐暑热，散落的种子自播繁殖。

●罂粟科 / 一年生花卉
●花色：黄色，橙色，白色
●花期：5 ~ 6 月份
●株高：30 ~ 50 厘米

雪珠花 *Orlaya grandiflora*

无数小花聚集开放，花色雪白，故又名蕾丝花。和任何颜色的玫瑰都很般配。株形较大，个头也较高，适合栽种在花坛后方，或是填充别的草花之间的空隙。种植在枝条下垂的玫瑰下,和玫瑰互相重叠,营造出宁静优美的气氛。

●伞形科 / 一年生花卉●花色:白色
●花期：4 ~ 6 月份
●株高：50 ~ 60 厘米

黑种草 *Nigella*

纤细如针的叶片和单薄的花瓣（实为萼片）组合成细巧的花朵。群植给人印象深刻，有云蒸霞蔚般的梦幻气氛。围绕玫瑰混色栽培，显得自然优雅。种荚的形态也非常有趣，可以作为庭院的主角。

●毛茛科 / 一年生花卉
●花色：蓝色，粉色
●花期：4 ~ 6 月份
●株高：40 ~ 80 厘米

香车叶草 *Asperula*

鲜明的蓝色小花在茎梢密集开放。随着不断分枝，株形变得蓬松饱满。群植可以达到丰满充实的效果。不耐多湿，宜种植在光照排水良好，通风透气的花坛边缘。作为地被或是玫瑰的陪衬都很好。

●茜草科 / 一年生花卉●花色：蓝色
●花期：4 ~ 7 月份
●株高：25 ~ 30 厘米

Chic

演绎素雅别致氛围的搭配技法

气质优雅，高雅考究的庭园，是众人的心所向往。通过选用色彩沉稳的草花，营造出这个轻松自在的空间。

红和紫，华丽的色彩，
大胆的缠绕，精美绝伦

紫红色的“蓝漫”和红色的“红鹳”（Geranium）交缠在一起，鲜艳夺目的色彩演译出成熟的花园景象。

古雅的花朵团团围绕白色玫瑰，形成高雅的感觉

左 / 纯净的白色玫瑰旁边，种植了色调强烈的德国鸢尾。紫色造就的收缩感，营造出一个清雅静谧的空间。

使用形态特异的古铜色叶片，变得俏丽可爱

右 / 在粉红玫瑰的脚下种植叶形独特的矾根，两种植物风格完全相反，却不可思议地协调优美。

令人向往的草花打造出万种风情

下左 / 叶片纤细秀美的红瑞木（*Cornus alba*）和花色淡紫的绵毛水苏，衬托出梦幻般的野蔷薇，弥漫着优雅的浪漫气息。

深色的小花配以多肉植物，展示出异国情调

下右 / 漏斗菜、老鹳草、野芝麻等色彩浓厚的小花，配以景天类多肉植物，增添了沉郁安详的民族风情。

两种高贵典雅的玫瑰，用富有亲和力的花朵调和统一

红色和粉色的玫瑰，充满古典风味，只是让人感觉难以亲近。这里使用花瓣大、花心黄色、造型可爱的铁线莲来调和冲突感。

营造素雅别致的花园要点

- 使用沉稳色调的叶色，例如古铜色和银白色叶片。
- 深紫色花朵等暗色系的搭配制造氛围。
- 深度、厚重、质感，形成叶和花的统一感。

色彩浅淡、纤细柔弱的叶片，制造出梦幻的意境

上 / 浅色系的大朵玫瑰和淡色调也很搭配。朝雾草（*Artemisia schmidtiana*）栽培在下方，和背后繁茂的彩叶杞柳（*Salix integra* 'Hakuro nishiki'）组成梦幻般的空间。

动人心弦的紫叶树木，和花朵的搭配风趣盎然

右 / 富有存在感的紫叶欧洲槭，四周环绕着同样让人印象强烈的大花玫瑰、铁线莲、钓钟柳，鲜艳热闹，显得十分协调。

络石 *Trachelospermum asiaticum*

从枝条的各个部位都会生出根来，卷绕栅栏和树干攀缘上升。强健，容易栽培，最适合地被覆盖。白色星形花有着芳香，秋日的红叶也很美。适合种在树荫下的墙边或角落。和大型月季一起攀绕拱门，可以互相映衬。

●夹竹桃科 / 常绿藤本花卉●花色：白色
●花期：5 ~ 6 月份●株高：约 2 米

橐吾 *Ligularia*

有着独特的花朵与叶片组合。喜半阴处，适合点缀角落、棚架和树木脚下。大型叶片覆盖地面，在无花的季节也给庭园增彩。耐寒耐热，强健，容易栽培。

●菊科 / 宿根花卉●花色：黄色
●花期：8 ~ 10 月份
●株高：1 ~ 1.5 米

Chic

创造出素雅别致风格的草花

用深沉低调颜色的花卉统一起来的花园，有着成熟稳重的风格。有效地利用彩叶植物增添充实感和华丽感。

绵毛水苏 *Stachys byzantina*

银绿色叶片全体覆盖着毛茸茸的绵毛。夏日会长出较高的粉色花茎，为庭院增加动感。银白色叶片和粉红色月季的组合，高雅华丽。和月季重叠栽培也很美观。

●唇形科 / 宿根花卉●花色：粉红色
●花期：5 ~ 7 月份●株高：15 ~ 80 厘米

石竹 *Dianthus*

茎头开放艳丽的花朵，花瓣边缘深锯齿状，有随风起舞般轻盈的情调。花茎纤细，植株较高的品种和玫瑰并排种植可以形成笔直的线条。低矮品种则饱满繁茂。无论哪种都可以给庭院增添柔和的色彩。

●石竹科 / 宿根花卉
●花色：红色，粉红色，白色
●花期：4~6 月份●株高：15~50 厘米

紫叶风箱果 *Physocarpus opulifolius*

叶色为接近黑色的暗紫色。在紫叶树木中也属于特别美丽的品种。初夏开放的球状花序和叶色的对比格外优美。适合作为其他绿叶的补色，以欣赏这种叶色对比。可以给予庭院沉静和悠远的气氛。肥料过多会影响叶片发色，注意控制施肥。

●蔷薇科 / 宿根花卉●花色: 紫色,白色
●花期:4 ~ 8 月份●株高:20 ~ 50 厘米

矾根 *Heuchera*

叶色种类丰富，以深沉低调的色彩为主，让庭院变得稳重大方。可以将数种矾根相邻栽培，装点在玫瑰脚下，种于庭院前方，能制造更为丰富的变化。

●虎耳草科 / 宿根花卉
●花色：红色、粉红色
●花期：5 ~ 7 月份
●株高：15 ~ 30 厘米

荷兰鸢尾 *Iris hollandica hybrids*

叶形细长，花形端正，仪态沉稳端庄。高挑的花茎上开放数朵颜色清淡的花朵。深浅不同颜色的品种混合栽培时非常美观。株形较细，缺乏分量感，群植栽培更有观赏价值。强健，容易栽培，栽下后可以数年放置不管。

●鸢尾科 / 球根花卉
●花色：白色，黄色，蓝色，紫色
●花期:4 ~ 5 月份●株高:40 ~ 80 厘米

星芹 *Astrantia major*

细小的花朵密集成半球形花序。萼片锯齿状，看起来很像花瓣。花朵柔美可爱，颜色也很朦胧，适合古典玫瑰。线条纤细，群植于玫瑰株下很有效果。在明亮的半阴处也可以良好生长。

●伞形科 / 宿根花卉
●花色：白色，粉红色
●花期：5 ~ 6 月份
●株高：30 ~ 50 厘米

黄栌 *Cotinus coggygria*

在花后展开的烟雾般朦胧的花序非常显眼。也有酒红色或是绿色花序的品种，很有幻想色彩。株高较高，适宜花园的深处。和牵引到墙壁上的玫瑰重叠栽培可以相映成趣。圆形叶片颜色较深，很有观赏价值，能很好地衬托出花色之美。

●漆树科 / 落叶灌木
●花色：粉红色，绿色
●花期：6~7 月份●株高：3~5 米

彩叶杞柳
Salix integra hakuronisiki

春季萌发的新芽非常美丽，给庭院增色添彩。新芽最初是粉红色，逐渐变成乳白色，最后变成绿色。种植在玫瑰背后，可以很好地突显花色。因为叶色较淡，建议搭配深色花朵。注意经常修剪，以防长得过大。

●杨柳科 / 落叶灌木
●花期：4 ~ 7 月份●株高：1 米

紫蜡花 *Cerinthe major*

筒形花向下开放，中间有花纹的肥厚叶片和银叶植物非常般配。仿佛打过蜡般光润的深紫色花，适合装点另类别致的庭园。植株较大，应留出足够的株间距离。及时摘取残花可以长时间欣赏。

●紫草科 / 一年生花卉
●花色：紫色
●花期：4 ~ 7 月份
●株高：30 ~ 50 厘米

钓钟柳 *Penstemon*

花色种类非常丰富，开放大量的筒形花。明亮的色调让花园显得华丽。纤细的茎秆和花朵形成自然的氛围，庭园各处种植都有不错效果。适合种植在排水良好，全日照的场所。注意经常摘除残花。

●玄参科 / 宿根花卉
●花色：粉红色，紫色
●花期：5 ~ 8 月份
●株高：30 ~ 50 厘米

即使不再华美艳丽，也可以韵味十足

玫瑰有一年开放 4 次的四季开花型、到秋季为止断断续续开花的反复开花型以及只有春季开花的一季开花型。这几种类型开花期在春季交集，这时此起彼伏，繁花似锦，形成壮丽的景观。而盛花期过后，花园就立刻寂寞冷清起来。

玫瑰逐渐变少的晚春以后，还是可以根据季节搭配别的花卉，让花园同样光彩照人。

夏　季

夏季叶色比春季更加浓厚，也更加茂盛，会给人以重厚的印象。这时搭配颜色亮丽和线条细腻的品种，可以显得明亮轻盈，成为别有风味的花园。

秋　季

进入秋季，青葱的绿色逐渐染上了深沉的秋色，感觉寂寞冷清。这时，搭配和玫瑰花色相似的华丽花朵，或是丰满充实的花卉品种，可以让花园重新变得富丽堂皇。

和春季一样，应充分考虑植物的花色和大小，合理选择搭配的植物。

冬季到早春

冬季草木枯萎，是一年中最萧条的季节。玫瑰的枝条都经过了修剪，宿根花卉也在修整后进入休眠期。这时，可以在玫瑰和宿根花卉间种植一年生植物和球根，以增添色彩，形成赏心悦目的花园。

进入春季，春季开花的宿根花卉逐渐长大，冬季曾经陪伴我们的草花也渐渐老去，花园再次交还给灿烂壮美的春季植物。

玫瑰花期以外的草花选择

春季的花园缤纷绚烂但是花期结束以后只有四季开花的玫瑰还会再度开花是不是你的花园也是如此？其实，春季以外的季节同样可以装点得丰富多彩。在这里介绍一些玫瑰花期结束后巧妙使用草花来装饰花园的技巧。

- 夏季：明亮轻松的叶和花。
- 秋季：华丽的花朵，株形茂密蓬松的植物。
- 冬季：早春颜色亮丽的花和开花小球根。

大丽花 *Dahlia*

花形和颜色的种类都非常丰富，和玫瑰组合时，硕大的花朵会更显华丽。高型品种适宜种植在拱门下方和花坛里，成为视觉焦点。较长的花期也是魅力之一。

- ●菊科 / 球根花卉
- ●花色：白色，红色，粉红色，黄色，紫色
- ●花期：5~10 月份
- ●株高：20~130 厘米

山桃草 *Gaura lindheimeri*

茎秆修长，枝头盛开白色小花。开花期长，持续不断开放。随风摇曳的姿态，非常有自然风情。喜好日照良好的场所，通风不良也会引起腐烂，需要在栽培中注意。容易倒伏，适合种植在宽广的地方。

- ●柳叶菜科 / 宿根花卉
- ●花色：白色，粉红色
- ●花期：5 ~ 10 月份
- ●株高：60 ~ 120 厘米

萱草 *Hemerocallis*

花色和花形都很丰富，强健旺盛。一旦种植了可以无须管理。每朵花只开放一天就枯萎，又被称为一日百合。一枝花茎上有若干花蕾，依次不断开放。集合种植可以形成色彩绚丽的花坛。在日照和排水良好的地方生长很好。

- ●百合科 / 宿根花卉
- ●花色：橙色，黄色，红色，乳白色
- ●花期：6~8 月份
- ●株高：30~90 厘米

非洲凤仙 *Impatiens walleriana*

花色多为柔和色系，特点是喜好半阴处。可以栽培在庭院深处日照不足的角落，以缓和阴暗无趣的印象。植株长大后非常茂盛，种在玫瑰四周，可以覆盖住空落的地表，增添花园的情趣。

- ●凤仙花科 / 多年生花卉
- ●花色：红色，粉红色，白色
- ●花期：5 ~ 10 月份
- ●株高：10 ~ 20 厘米

适合夏季到秋季的草花

怒放的玫瑰花期结束之后等待第二个春季来临时利用可爱的草花装点花园。绿意葱茏的夏季采用轻盈的植物落叶纷飞的秋日选择丰满的花卉和玫瑰不一样的表情同样可以体会到花园时光的乐趣。

适合冬季到早春的草花

一年中花开不断的庭院是人人向往的梦想。印象总是寒冷萧瑟的冬季小球根类让人感受到一线生机让整个季节变得滋润生动。季节变化中花开花谢演绎出一个丰盛动人的庭院。

宿根福禄考 *Phlox maculata*

有花瓣上带有条纹和花边的各种品种。呈金字塔形密集开放，给人华美的印象。和玫瑰组合可造就更加华美绚丽的庭园。株形较高，适合种植在花园后方。半阴处也可以良好生长开花，花期长。

●花葱科 / 宿根花卉 ●花色：白色
●花期：6~8 月份 ●株高：60~90 厘米

洋水仙 *Narcissus*

气味芳香，姿态挺拔优美。有成簇开放、喇叭形开放、重瓣开放等品种。茎叶修长简洁，适合集中栽种。明亮的花色让花园增彩。强健，容易栽培，可以数年放置不管。注意不要在叶片枯萎前修剪。

●石蒜科 / 球根花卉 ●花色：白色，黄色
●花期：12~4 月份●株高：15 ~ 40 厘米

岩白菜 Bergenia

肥厚的深绿色叶片衬托着粉红色小花。可种在花境和围墙下方等荫蔽处。莲座状叶片很好地覆盖住玫瑰下的土地。耐寒，强健，容易栽培。注意防止湿度过高。

●虎耳草科 / 宿根花卉●花色：粉红色
●花期：2 ~ 3 月份
●株高：20 ~ 30 厘米

报春花 *Primula juliae hybrid*

花形和花色丰富多彩，根据选择的品种产生的氛围也不同。耐寒性强，花期长，最适合冬季到春季的花园。花少时节覆盖植株脚下，让庭院立刻有明媚之感。宜种植在日照和排水都良好的地方，及时摘除残花。注意不要过湿。

●报春花科 / 一年生花卉
●花色：红色，黄色，紫色，粉红色，橙色
●花期：12 ~ 4 月份●株高：8 ~ 15 厘米

玉簪 *Hosta*

品种众多，在没开花的季节也可以欣赏到叶片之美。半阴处可生长良好。叶片较大的品种，适合种植于花园深处；有明亮斑叶的品种还能够改变阴暗的印象；叶片较小的品种种于花坛边缘，可以很好的烘托其他花卉。

●百合科 / 宿根花卉 ●花色：白色
●花期：6 ~ 9 月份
●株高：15 ~ 60 厘米

绣球“安娜贝拉” *Hydrangea arborescens* ‘Annabelle’

绣球的一种，从花蕾到开花，颜色逐渐从绿色转为淡绿，再变为白色，非常有趣。喜好湿润半阴，日照佳的地方。需要覆盖地面，以避免过分干燥。种在拱门之下，硕大的白色花球非常醒目。色调柔和，和任何花色都很配。

●百合科 / 宿根花卉●花色：白色
●花期：6 ~ 9 月份●株高：15 ~ 60 厘米

仙客来 *Cyclamen persicum*

花瓣向上翻卷，宛如蝴蝶一般轻盈可爱。混色栽培效果不错，可以修饰过暗的植物株下。不耐潮湿，注意不要往叶片和花朵上洒水。耐寒，喜好日照好的地方。摘除残花可以促进再次开花。（和普通盆栽仙客来稍有不同，此品种更接近原生品种）

●报春花科 / 球根花卉
●花色：粉红色，白色，红色，紫色
●花期：9 ~ 5 月份●株高：10 ~ 15 厘米

圣诞玫瑰（铁筷子、嚏根草）*Helleborus*

形状、颜色、开放的方式多样，种类丰富多彩，是一种魅力十足的植物。花朵向下开放，洋溢着清新的气氛。在半阴处也生长良好，可以点缀林下。叶片常绿，在玫瑰开花季节用以覆盖地面，烘托花色。喜好通风良好的场所。

●毛莨科 / 宿根花卉
●花色：白色，粉红色，绿色，紫色，黄色
●花期：2 ~ 4 月份
●株高：20 ~ 50 厘米

三色堇 *Viola tricolor* var.

花瓣肥大的品种可以达到 8 厘米，颜色变化多样，花期长。植株不高，茂密生长，可以很好地覆盖下部。喜好日照良好的场所。摘除残花、定期给予肥料，可以让花朵持续开放。强健，容易栽培。

●堇菜科 / 一年生植物
●花色：紫色，黄色，红色，粉红色，白色
●花期 :11~5 月份
●株高 :10~20 厘米

番红花 *Crocus*

珍贵的早春开放花卉。花后叶片繁茂。可以数年种植不管。植株和花朵较小，数球群植会更美。种植在花坛边缘、植物脚下、庭院任何地方都会营造出自然的气氛。耐寒，强健，容易栽培。

●鸢尾科 / 球根花卉●花色:白色,紫色,黄色
●花期：2 ~ 3 月份●株高：8 ~ 10 厘米

欧石楠 *Erica* spp

花枝上缀满花朵，粉红色的圆球形小花非常可爱。不耐冬季的寒风和夏日的暑热。开花时不要过分干燥。种植在玫瑰缠绕的拱门和棚架下，可以避免直射阳光，同时也产生整体感，演绎出华丽的气氛。

●杜鹃科 / 常绿灌木●花色：粉红色
●花期：12~5 月份●株高：30~50 厘米

秋牡丹 *Anemone hupehensis* var. *aponica*

像花瓣一样的萼片楚楚动人，也有重瓣品种。叶片能覆盖地面，秋季抽出纤细的茎秆开花。喜稍微湿润的土壤和半阴处，适合种在没有西晒的道路两旁。种植在玫瑰下可以营造出自然的气氛。

●毛莨科 / 宿根花卉●花色：白色，粉红色
●花期：9~10 月份●株高：50~80 厘米

图书在版编目（CIP）数据

玫瑰花园 /（日）FG 武蔵编著；药草花园译 .
—武汉：湖北科学技术出版社，2017.3
ISBN 978-7-5352-8409-9

Ⅰ.①玫… Ⅱ.①F… ②药… Ⅲ.①玫瑰花－观赏园艺
Ⅳ.①S685.12

中国版本图书馆 CIP 数据核字（2017）第 070653 号

责任编辑　唐　洁　王小芳
封面设计　胡　博
出版发行　湖北科学技术出版社
地　　址　武汉市雄楚大街 268 号
　　　　　（湖北出版文化城 B 座 13~14 层）
电　　话　027-87679468
网　　址　http://www.hbstp.com.cn
印　　刷　武汉市金港彩印有限公司
邮　　编　430023
开　　本　787×960　1/16　7 印张
版　　次　2017 年 4 月第 1 版
　　　　　2017 年 4 月第 1 次印刷
字　　数　180 千字
定　　价　48.00 元